チョコレートのイギリス史

企業フィランソロピーの源流

山本　通

教文館

プロローグ——キャドバリーとラウントリー

ウエハースをチョコレートで包んだ菓子「キットカット」は日本でも広く知られている。「キットカット」は、現在はネスレ社の製品である。しかしこれは、元々はイギリスの製菓企業ラウントリー社が一九三〇年代に作り出したものだった。

ラウントリー社は一九六九年にイギリスのタフィー（固いキャラメル）メーカーであるマッキントッシュ社と合併して、ラウントリー・マッキントッシュ社となった。そして日本では「キットカット」は、同社と提携した株式会社不二家によって一九七三年から販売されるようになった。その後、ラウントリー・マッキントッシュ社は一九八七年に、ラウントリー株式会社という持株会社を設立した。この持株会社が、翌一九八八年にスイスに本拠を置くグローバルな食品企業であるネスレ社に買収された。その結果、キットカットはネスレ社の製品になったのである。

ラウントリー社はイギリスでも有数の大企業であった。例えば一九三五年におけるラウントリー社の従業員数は約五五〇〇人であり、これは当時のイギリスの全製造企業中で七一位であった。しかし、当時のイギリスにはこれより大きい製菓企業があった。それはキャドバリー社である。キャドバリー社は一九一八年にイギリスのフライ社と提携してＢＣＣ（イギリス・ココア・チョコレート会社）

を設立したが、ＢＣＣの一九三五年における従業員数は一万一六八五名であり、これは当時のイギリスの全製造企業中で二九位であった。また、その当時の同社の資産の時価総額は、同じく二八位であった。

キャドバリー社の製品は日本ではほとんど知られていない。しかし、イギリスと旧イギリス帝国の国々（特にオーストラリア、ニュージーランド、南アフリカとインド）では、キャドバリー社の製品は菓子業界で圧倒的なシェアを占めていた。イギリスを訪れた方々は、ロンドンの地下鉄の駅構内の壁面に、「デアリー・ミルク」チョコレートの広告がデカデカと貼られているのを見たことがあるかもしれない。「デアリー・ミルク」はキャドバリー社が一九〇五年に売り出した製品で、イギリスのチョコレートの代名詞となっているのだ。このＢＣＣは一九六九年にイギリスの飲料メーカーであるシュウェップス社と合併してキャドバリー・シュウェップス社となるが、二〇〇八年には同社はキャドバリー社とシュウェップス社に再分割された。そして、二〇一〇年にキャドバリー社は、アメリカに本拠を置くグローバル企業であるクラフト・フーズ社に買収された。

こうして見ると、キャドバリー社とラウントリー社は、二〇世紀第４四半期以後のグローバル企業の急展開を考察するための格好の材料である、とも言える。この問題は本書の第五章で取り上げられるが、私にとっては、それ以前の時期の両社の営みの方がもっと興味深い。なぜなら、両社が成長していった歴史過程は、いろいろな意味でイギリスの経済・社会の変化をはっきりと映し出しているからである。

キャドバリー社とラウントリー社には多くの共通点がある。両社はいずれも一九世紀中頃に、小さな紅茶・コーヒーを商う商店から出発した。創業者はいずれも友会徒（クエイカー）であった。この個人商店を一九世紀後半にココア・チョコレート企業ないしは製菓企業に発展させたのは、キャドバリー家ではジョージとリチャードの兄弟、ラウントリー家ではジョーゼフであった。彼らが両企業の第一世代の企業家経営者たちである。その後、彼らの子供たちが会社経営に参加し、一九世紀末には両社はいずれも法人化される。そして二〇世紀において経営階層組織を導入した後も、両社は創業者の後継者家族によって経営されていた。つまり、いわゆる「企業家企業」だったのだ。両社がいわゆる「経営者企業」になるのは、第二次世界大戦の前後のことであった。

経営史学の泰斗アルフレッド・D・チャンドラーは、大著『スケール・アンド・スコープ』の中で、イギリスの大企業において同族支配の伝統が長く続いたことに注目した。それゆえに彼は、アメリカ合衆国の「競争的経営者資本主義」やドイツの「協調的経営者資本主義」と対比させて、イギリスの資本主義を「個人資本主義」と特徴づけた。そしてチャンドラーは、イギリスの大規模同族企業の典型的な例としてキャドバリー社を取り上げて、その企業統治について論じた。

キャドバリー社とラウントリー社の企業家経営者たちの二番目の重要な共通点は、政治問題と社会問題に熱心に取り組んだことである。彼らは一九世紀末に「介入的自由主義」の政策を掲げた自由党の支持者であった。

「介入的自由主義」の主唱者は、自由競争の原理が社会経済の進歩の原動力であることを認める。しかし、この競争原理が階級間格差を固定化するという弊害を重視する。この弊害を除去するためには、政府が富豪から余分な富を削り取って、社会的弱者に配分しなければならない、と考える。このことによって、社会的弱者は敗者復活戦のスタート・ラインに立つことができるのだ。このような「介入的自由主義」の政治思想は、キャドバリー家やラウントリー家の人々の社会福祉的な社会思想と親和的であった。実際に彼らの多くが自由党員であり、特にシーボーム・ラウントリーは、長期にわたって自由党の大物政治家ロイド＝ジョージを支えて活躍した。

キャドバリー社とラウントリー社の三番目の重要な共通点は、両社が企業内福祉に積極的に取り組んだことである。ロバート・フィッツジェラルドによれば、「最初の工業国家」イギリスでは、すでに一九世紀中頃には綿工業、鉄道業、ガス製造業などで、また一九世紀末までには鉄鋼業や化学工業の大企業においても、企業内福祉が制度化されていった。企業内福祉の取り組みは、疾病、怪我、老齢、死亡、失業などについて従業員が抱く恐怖を軽減するためばかりでなく、そのことを通して会社への彼らの忠誠心を呼び起こすためにも実施された。それは「家父長主義的」と呼ばれるように、企業家の側からの（上からの）温情による、アド・ホックな（その場かぎりの）福利給付によるものであった。

このような企業内福祉は日本でも、欧米企業に倣って明治末期以後、鐘淵紡績などの紡績企業、王子製紙などの製紙企業、そして国鉄などで、「経営家族主義」のイデオロギーに基づいて実施された。そして、両大戦間期の昭和初期までには重工業の大企業でも、工員層まで含めた従業員全体に拡大されていった。

しかしイギリスでは、第一次世界大戦の総動員体制を契機に、企業内福祉は使用者側の温情によるものとしてではなく、労働者の権利として労使双方によって認められるようになっていく。このような企業内福祉についての企業家たちの意識の転換において、キャドバリー社とラウントリー社の企業家経営者たちは指導的な役割を果たした。彼らに特徴的なのは、従業員を「働く仲間」と捉えて、その人間的権利を認めたことである。したがって彼らは、労働者が労働組合に加入することを奨励し、労使間の意思疎通のための協議会を先駆的に設立した。

第四に、キャドバリー社とラウントリー社の企業家経営者たちは、社会福祉活動にも熱心であった。彼らは模範的住宅団地を建設し、福祉活動のための多数の信託財団を設立した。彼らは企業内福祉と社会福祉活動を同時に展開した。その行動パターンは、事業経営と関連性をもたない大富豪の慈善事業とは違った性質のものであった。

キャドバリー社とラウントリー社の企業家経営者たちは、イギリスの製菓業界において最大限の利潤を得るために激しく競争した。また両社は、状況によっては協調的行動を採ることもあった。そのような意味では、彼らの企業者活動は、一般の企業経営者と変わるところがない。しかし、彼らは私腹を肥やすために利潤獲得の経営努力を続けたわけではない。そのことは例えば、ラウントリー社の第二代社長となったシーボーム・ラウントリーが一九二三年に発表した小論「社会と人間関係への考察」の中にも現れている。

彼は、産業経営の理想は次の三点にあるという。第一に、社会一般にとって有益な商品を生産し、サービスを提供すること。第二に、富の生産において社会一般への福祉を考慮すること。第三に、生産された富の分配において社会一般の最高の目的に奉仕できるように配慮すること、である。実際、彼らはその利潤の大部分を、従業員への福祉と社会への福祉に振り向けた。彼らは、それこそが資本主義社会における企業家の使命である、と考えていた。私がキャドバリー社とラウントリー社の企業経営者たちの第一・第二世代に「企業フィランソロピーの源流」を見ようとするのは、このような意味においてである。

このように、企業経営の目的を「社会一般への奉仕」と捉えることこそが、「企業フィランソロピー」の本来の意味なのである。それは言いかえれば、私利私欲のためではなく、「世のため、人のため」に企業経営をすることであって、企業利潤の一部を社会福祉に回して企業イメージを良くすることではない。

日本人にとってこの「世のため、人のための企業経営」は、けっして馴染みのないものではなかった。それは例えば、日本の資本主義経済のインフラストラクチャーを作った渋沢栄一の思想と行動の原理そのものであった。あるいは、また大正期の大原孫三郎の理想でもあった。

大原孫三郎の経営理念については、大津寄勝典による優れた研究書がある。倉敷の大地主であった大原孝四郎は地元の地域おこしのために紡績会社を設立して発展させた。その子・孫三郎は、これをさらに発展させるだけではなく、金融、電力、新聞、化繊、羊毛などの事業を多角的に展開して地方財閥を形成した。そしてそこから得られた利潤を、社内福祉に注ぎ込むだけではなく、社会への福祉に振り向けた。孫三郎の社会福祉事業としては、社会教育、農業改良、農政改革、倉敷中央病院、大原美術館、大原社会問題研究所、倉敷労働科学研究所、そして石井十次が手掛けた孤児院への莫大な寄付などが挙げられる。

しかしながら、日本でもイギリスでも、「企業フィランソロピー」は第二次世界大戦後、しばらく忘れられていたように思える。これには、それなりの理由があろう。また、日本では一九九〇年頃から「企業フィランソロピー」の小さなブームが起こった。このブームの裏には、当時の日本企業の海外進出がある。一九八五年のプラザ合意以後、多くの日本企業がアメリカ合衆国に進出したが、日本企業がアメリカの地元社会への貢献について配慮しないことが現地で厳しく批判された。そのことが、日本の企業にフィランソロピーへの関心を呼び起こしたのである。企業メセナ協議会や日本フィランソロピー協会が設立された一九九〇年は、日本の「フィランソロピー元年」と言われている。しかし、二〇〇八年のリーマン・ショック以後、日本の「企業フィランソロピー」の運動は失速したように見える。それは日本の大企業の「企業フィランソロピー」への取り組みが、単に企業イメージを良くする目的で行われてきたからであろう。そうであるとすれば、ここには「企業フィランソロピー」への本当の理解が足りなかった、と言わざるを得ない。

本書では、以上のような問題意識に導かれて、イギリスのキャドバリー社とラウントリー社の歴史を、その企業経営者たちの経営理念に焦点を当てながら、イギリスの時代背景の中で捉えて追究していきたい。そして「エピローグ」では、キャドバリー家とラウントリー家の人々が実践した「企業フィランソロピー」が、現在の課題である「ＳＤＧｓビジネス」とどのように繋がるのか（あるいは繋がらないのか）について考察したい。

ところで、本文に入る前に、一点だけ読者の注意を喚起したいことがある。経営史家デイビッド・ジェレミーは、そのイギリス経営史の教科書の冒頭で、スターリング・ポンドの国内での購買力の年代的変化を、次頁［表1］のように示している。

年	指数
1914	54.54
1920	21.81
1935	38.18
1946	20.64
1950	16.97
1955	13.16
1960	12.12
1988	1.43
1996	1.0

［表 1］ポンドの購買力の年代的変化
〔出典＝ Jeremy, D., 1998, p.xxix〕

これはスターリング・ポンドの価値が、二〇世紀の初めから終わりまでに大きく低下したことを示している。例えば一九一四年における一ポンドは、一九九六年における五四・五四ポンドの価値があったわけである。したがって、遺産額や売上高について、数十年も離れた時代の金額を単純に比較して得られる印象は、現実を大きく歪めることになる。この点には、注意が必要である。

目　次

第四章　世界恐慌以後（一九二九〜四五年）　140

装幀　長尾　優

第一章　イギリス製菓業生成の背景（一七六〇～一八九六年）

1　経済的背景

「最初の工業国家」イギリス

一七〇〇年頃から一八五〇年頃までの間に、イギリスの社会経済のあり方はまったく変わってしまった。その人口は約六三〇万人から約二〇八〇万人へと約三倍に増加した。この間に、農業部門の就業世帯数はわずかに増加したが、全世帯数に対するその割合は、三割程度から二割以下に低下した。製造・鉱山業とサービス（商業・運輸）業の就業世帯数は増加して、一八五〇年にはそれぞれ全世帯数の四三％と一六％となった。これはイギリスが農業中心の社会から工業中心の社会に変容したことを意味する。

一八世紀前半には巨大都市ロンドンが全人口の約一割を占め、その人口は地方諸都市の人口の総計を上回っていた。しかし、一八世紀後半からマンチェスター、リヴァプール、バーミンガム、リーズ、そしてグラスゴーなどの商工業都市が興隆し、一八四〇年代には都市部の総人口が農村部の総人口を凌駕した。つまり、工業化の進展とともに都市化が進行したのである。こうしてイギリスは世界で「最初の工業国家」となった。

イギリスの工業化と都市化をもたらしたものは、「産業革命」と「農業革命」である。「産業革命」の中核をなすのは、工場制大工業の成立と回転式蒸気機関の導入である。工場制は、工業製品の製造工程を人間の手から機械体系に移して自動化し、工業生産を飛躍的に発展させた。また、回転式蒸気機関は、自然エネルギーを利用する水車や風車に代えて、人工エネルギーを生み出すために考案された最初の機械装置であった。イギリス産業革命の主導部門は新興の綿工業であり、一七六〇年頃から始まるさまざまな技術革新の結果、一八三〇年までに原綿消費量は約一四二倍、綿製品輸出額は約一一六倍に増加した。また、製鉄業では一七五〇年頃から製鉄・製錬工程での技術革新が進み、銑鉄の総生産額は一七二〇年の約二万五〇〇〇トンから一八五二年の約二七〇万トンへと増加した。また機械工業では、（機械を作るための機械である）工作機械の諸発明が次々と現れ、蒸気機関の分野でも一七八一年のワットの回転式蒸気機関や、一八〇七年のトレヴィシックの高圧機関などが発明された。こうして、工業生産を通して富を蓄えた産業資本家階級が成立する。他方、これらの工業分野の大躍進は、炭鉱業や金属鉱山業を大いに賑わし、道路や運河などのインフラの整備を通じて地主たちにも大きな利益をもたらした。

他方、「農業革命」は一七世紀から一九世紀中頃までの長期にわたって進展した農業の近代化過程である。それは農業技術の改良、耕地面積の拡大、そして土地集積＝囲い込みによってもたらされた。新種作物や輪栽式農法の導入によってもたらされた農業技術の改良は、農業生産性を増加させた。沼沢地の耕地への転換などによる耕地拡大は、農業生産量を増大させた。そして、農業経営の合理化のための、耕地や入会地の地主による囲い込みが進展して、一八二〇年頃には囲い込まれていない耕作可能地は無くなってしまった。このような農業の近代化の結果、イギリスの農業は一九世紀の第３四半期まで、増加する人口に安定的に食糧を供給することができたのである。

しかし、このような「農業革命」が進展する過程で、小農民は没落して農業労働者になっていった。また、中小地主の土地が大地主の手に集中していった。こうした動きは一八世紀半ばあたりから進展するが、その結果として生まれたのが、近代イギリスの農業経営を特徴づける「三分割制」である。大地主は、自分の土地を資本家的な借地農に貸し出して地代を受け取る。そして、借地農は経営者として農業労働者を雇用し、耕作にあたらせる、というシステムである。このような大地主は身分的には貴族やジェントリーであり、経済的には地代取得の有閑階級であった。

工業化と都市化は、イギリスの政治的な改革と経済政策の転換を促した。新興の中産階級（産業資本家とそれに連なる商人たち）は一八三二年の選挙法改正や一八三五年の都市自治体法の成立によって国政と都市における政治への参加権を得た。国会議員の大多数は依然として大土地所有者（貴族・ジェントリー）によって占められていたが、彼らは産業資本の発展を軸として経済成長を達成することが自分たちの利益にもなることを見抜いていた。こうして、一八三〇年代から五〇年代にかけて自由主義的な経済政策が推進されていった。対内的には数次にわたる工場法や一八三四年の改正救貧法、一八四四年の「ピール銀行法」などが制定され、対外的には従来の保護貿易主義に代えて自由貿易主義的な関税政策が進められた。

ヴィクトリア繁栄期

このような自由主義的経済政策に支えられて、イギリスは一九世紀第3四半期の「ヴィクトリア繁栄期」を迎えた。この時期のイギリスの経済成長率は年平均で約三%、貿易成長率は年平均で約一四%という、当時としては驚異的な数字を示した。この繁栄は工業生産の増大、運輸革命の展開、そして貿易と金融の拡大によってもたらされた。

産業革命の主導部門であった綿工業の総生産量は一八五〇年から一八七〇年までの間に倍増し、その輸出額は約三倍に増加した。一八六〇年におけるイギリスの綿紡錘数は世界全体の約三分の二を占めていた。製鉄業においても、同じ二〇年間にイギリスの銑鉄生産量は約三倍に増加し、一八六〇年におけるその生産額は世界全体の約半分を占めた。また、一八三〇年代以降、毛織物工業や食品加工業をはじめ多くの工業部門で機械化が進展して、工業生産が拡大した。この時期のイギリスが「世界の工場」と呼ばれたゆえんである。

運輸革命もイギリスの経済発展に大きく貢献した。産業革命期の技術の結晶である蒸気機関車は鉄道業の発展を促した。一八三〇年に開業したリヴァプール＝マンチェスター間鉄道によって、鉄道業は技術的にも経営的にも確立した。そして三〇年代中頃と四〇年代の二次のブームを経て一八五〇年代初めには全国に鉄道網がはりめぐらされた。鉄道業の発展は商品や労働力の輸送を迅速・確実にし、国内市場を拡大・深化させた。また、国内の機械工業、製鉄業そして石炭業の発展を促した。その後は、ヨーロッパ、南北アメリカ大陸、インドなどで鉄道建設ブームが展開する。この時期の世界の鉄道建設については、最初はイギリスが資本・レール・蒸気機関車などの資材や、技術者や労働力を提供したのである。

一九世紀中頃の長距離海上輸送においては、小型の帆を多数取り付けた大型快速帆船（フリッパー）が「七つの海」を制覇した。一八六〇年代からは鉄製蒸気船の建造が本格化し、一八六九年にはスエズ運河が開通した。こうしてもたらされた海上輸送コストの低下は、国際間の貿易を一層活発化し、国際経済の地域間分業を促進した。商品に関する情報の伝達手段としては、一八四〇年代に登場した有線電信が重要である。有線電信は一八五一年のドーヴァー海峡海底電線の敷設や、一八六六年の大西洋横断電信業務の確立によって、世界的規模の通信手段として成長していった。例えば、横浜とロンドンとの有線電信は明治五年（一八七二年）に完成した。これによって、郵便汽船によって約一カ月を要して伝えられていた情報が、わずか一週間以内に得られるようになったのである。

一八三〇年から一八七三年までの間に、イギリスの国内産品輸出額と純輸入額は共に約六倍に増加した。ヴィクトリア繁栄期における輸出額の八割ないし九割は綿製品をはじめとする工業製品であった。他方、輸入額の八割ないし九割は、穀物などの食料と原綿などの工業原料によって占められていた。貿易相手地域としては、西ヨーロッパと北アメリカだけで輸出入の約半分を占めていた。これらの地域への輸出品目としては、ヴィクトリア繁栄期の初めには綿製品の比率が多かったが、次第にその比率は低下し、銑鉄・錬鉄・機械の輸出が増加した。そして、イギリスの綿製品輸出はアジアや中南米向けにシフトしてゆく。輸入品のうち原綿の大部分はアメリカ合衆国からもたらされ、穀物はドイツやロシアからもたらされた。

ヴィクトリア繁栄期にイギリスの貿易赤字は増大していった。しかしこの赤字額は、海運、海上保険、倉庫業、商業手形割引などの商業サービス収入の黒字額によって相殺された。さらにこれに海外投資の利子・配当収入が加わって、経常国際収支は巨額の黒字を計上していた。海外投資のほとんどが鉄道関係の債券に向けられ、(ロンドンの)シティーのマーチャント・バンカーが、その割引業務を引き受けた。こうしてヴィクトリア繁栄期のイギリスは、「世界の海運業者」「世界の金融業者」としても君臨し、自らを中心とする国際的分業関係を作り出した。

自由主義的経済政策の一環として一八四六年に「穀物法」が廃止された。その結果、安価な東ヨーロッパ産穀物がイギリスに流れ込んだけれども、イギリスの農業はその危機をバネとして発展する。すなわち、資本家的借地農たちが、大規模経営、積極投資、そして労働集約性を特徴とする「高度集約農法」を展開して、単位面積当たりの収穫量を大幅に増大させたのである。その結果、ヴィクトリア繁栄期の農業は黄金時代を迎え、地代が上昇し、大地主による土地集積が加速化した。一八七三年には、七〇〇〇名足らずの大地主がイギリスの総面積の実に八割を所有するようになったのである。

一九世紀末イギリスの経済

一八七三年の世界恐慌から第一次世界大戦にいたる古典的帝国主義期の前半は、ふつう「大不況期」と呼ばれる。しかし、この時期に実際には「大不況」は存在しなかった。実際に起こったのは、イギリスと世界の経済構造の大変革であり、それらをもたらしたのは、欧米後発資本主義諸国の工業的発展と、経済のグローバル化であった。

イギリスが「ヴィクトリア期の繁栄」を謳歌している間に、アメリカ合衆国や西ヨーロッパ諸国では、鉄道業の発展に牽引されて産業革命が展開した。さらに一九世紀の第4四半期には合衆国やドイツを中心に「第二次産業革命」が展開した。電気工業や石油精製業というまったく新しい産業が生まれたばかりでなく、既存の工業分野でも目覚ましい技術革新の波が起こった。綿工業では合衆国でリング紡績機が発明され、鉄鋼業では鋼生産の技術革新が次々に起こった。化学工業では化学繊維や染料の諸発明が現れ、機械工業では互換性部品を利用する大量生産システムが合衆国で開発された。そして合衆国とドイツでは大企業体制が形成されていった。

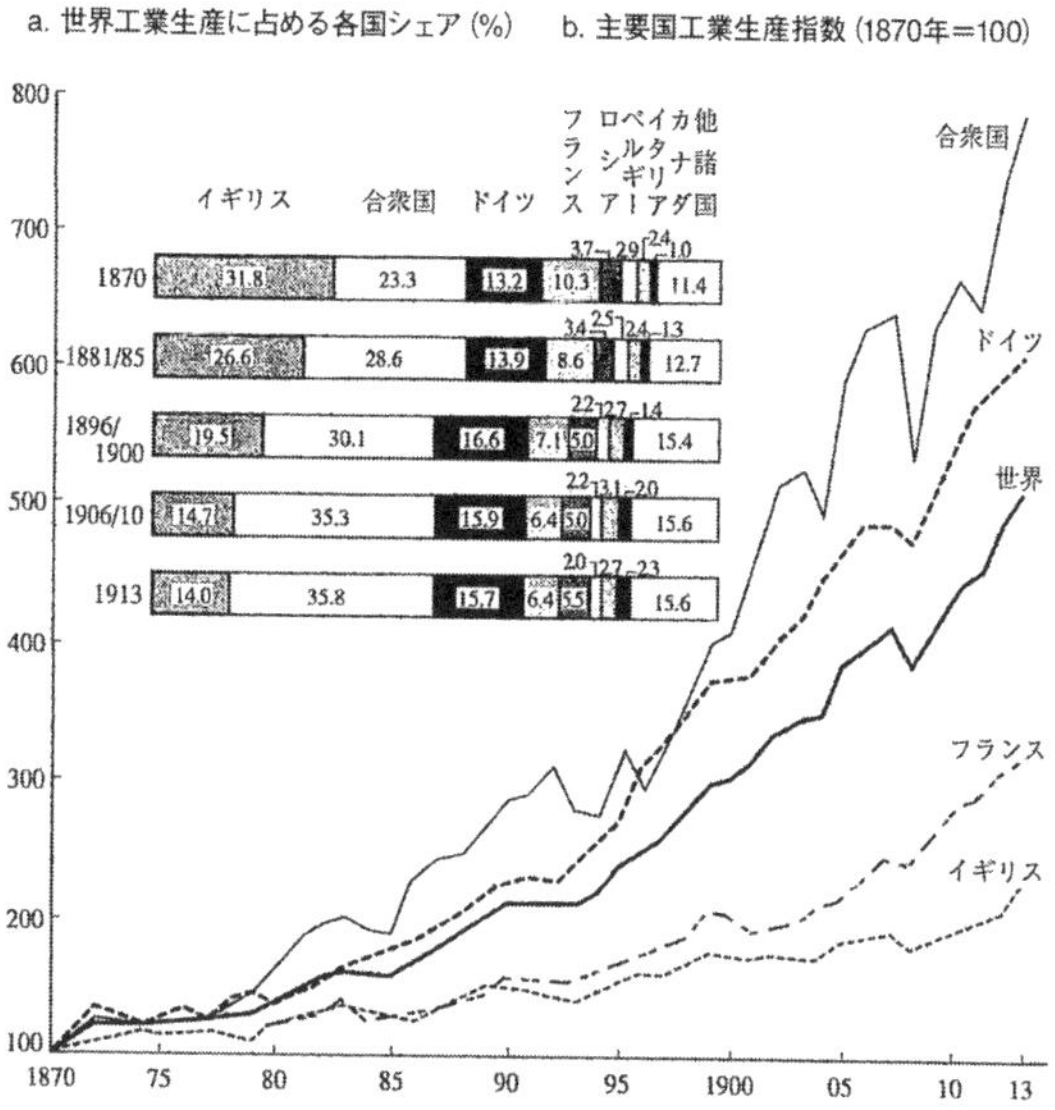

［図 1］世界各国の工業生産（1870-1913 年）
〔出典：宮崎犀一他編『近代国際経済要覧』東京大学出版会、1981 年、88 頁〕

　このような新しい技術の導入について、イギリスの企業経営者たちは消極的であった。その結果、［図1］に明らかなように、一八七〇年から一九一三年までに世界全体の工業生産額が約五倍に増加したにもかかわらず、イギリスのそれは約二倍の増加に留まった。そして、世界工業生産の中に占めるイギリスの割合は一八七〇年代末に合衆国に追い越され、一八九〇年代末にはドイツにも追い越される。

しかし、イギリスの実質国民総生産は一八六〇年代から一八九〇年代まで年平均三・三％の割合で上昇し続けた。これは、イギリスが豊かな国内市場と広大な帝国市場を持っていたから可能となったのである。イギリスの工業企業経営者は、「第二次産業革命」の技術的成果を採り入れなくても、この時期までは充分な利潤を上げることができたのだ。イギリスがその貿易相手の比重を帝国領域に移した結果、世界貿易は先進的工業諸国や周辺従属国の間で多角的に決済される仕組みに移っていった。イギリスはもはや世界の商品流通の中心ではなくなった。しかし依然として、世界の金融と商業サービスの中心的役割を担い続けた。

他方、イギリスの農業部門は、一八八〇年代中頃から北米産の安価な穀物が大量に流入し始めた結果、大打撃を受けることになった。イギリスの農業は穀物栽培から酪農や野菜・果実栽培に転換し始め、地価と地代は低落していった。そのために、地主は地代収入よりは証券投資の収入に依存するようになり、資本家的借地農は地主に対して投下資本の補償を求めるようになる。また、農業労働者の困窮の度合いが強まった。その結果、一八七〇年以後「土地問題」が国政を揺るがすようになる。

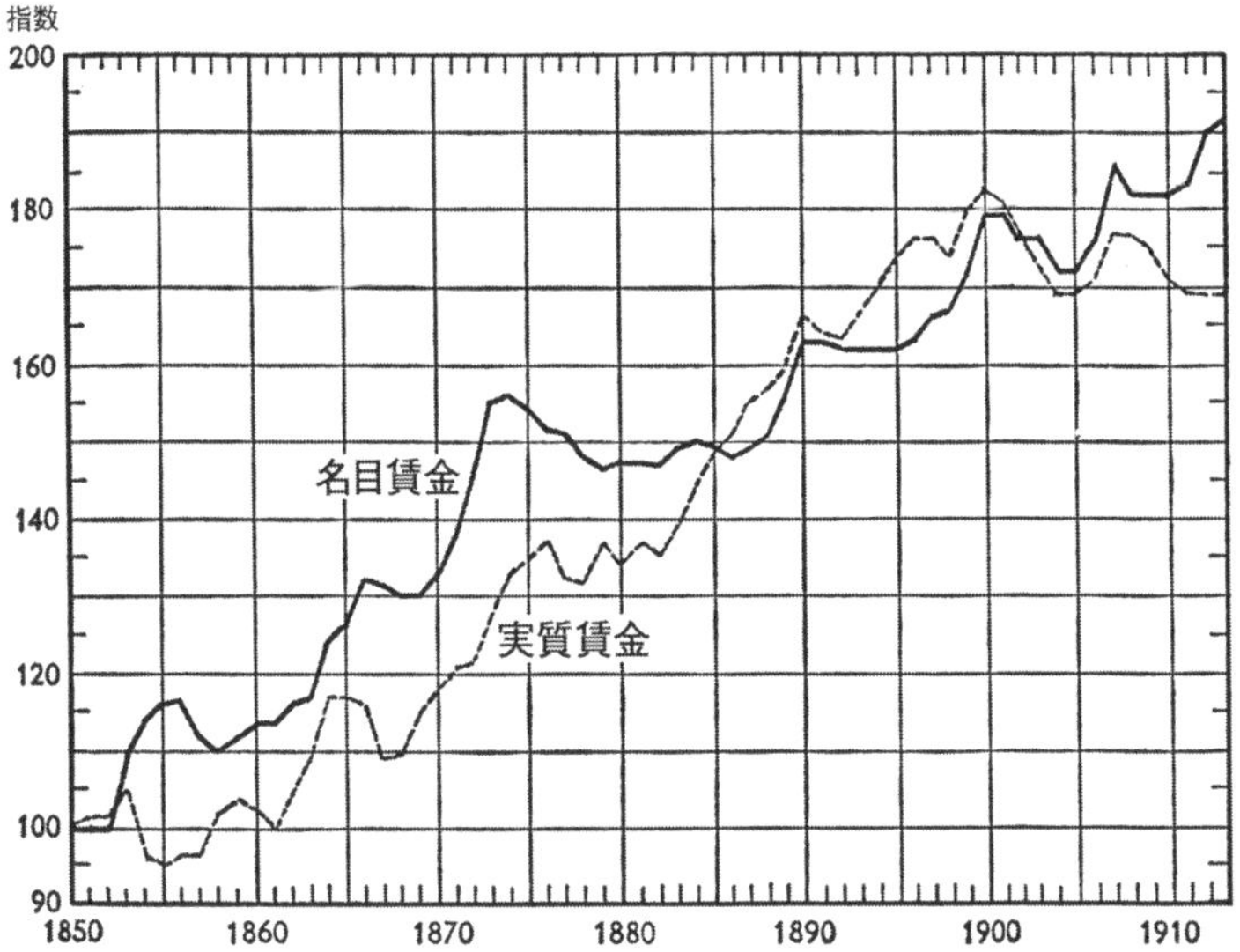

［図 2］イギリスの名目資金と実質賃金（1850-1913 年）
1850 年の値を 100 とする（※この数値では，失業が考慮に入れられていない）
〔出典：Saul, S. B., 1969, p.51〕

大衆市場の興隆

イギリスでは一八世紀末には賃金労働者階級が生まれ、一九世紀初めには熟練労働者たちが階級意識に目覚めて労働運動を展開し始める。産業革命期（一七六〇〜一八三〇年頃）の労働者の生活水準を巡っては、長い論争の歴史がある。未だにその結論が出ないのは、生活水準を判断するための方法論的な困難さのためである。しかし、要するに全体としては、それは一向に改善されなかったようだ。

イギリス労働大衆の生活状況が改善されてくるのは、一八六〇年代に入ってからのことである。イギリスの有職者の一八五〇年の平均実質賃金を一〇〇としてその後の実質賃金の動きを［図２］で表すと、その線は一八六二年以後上昇し始め、七〇年代半ばから八〇年代初めまでには多少の上下動があるが、その後一九〇〇年まで一貫して上昇して一八〇に達する。これは目覚ましい動きである。この実質賃金の上昇の原因として、後に述べるような労働組合運動の力強い展開を想定するのは自然であろう。しかし、実質賃金の上昇に対する労働運動の影響を数量化することは不可能である。実質賃金は名目賃金を消費者物価指数によってデフレートさせて求められる。したがって、労働者の実質賃金の上昇に対する物価変動の影響を確認する必要がある。そして、それは可能である。

ナポレオン戦争が終わった一八一五年頃から、イギリスの卸売物価は、長期にわたって下降する傾向にあった。次いで、一八五〇年代中頃から七〇年代初めまで卸売物価は安定的に推移し、七三年から九六年までは急激な低下を示した。その後、卸売物価は一九一三年まで緩やかに上昇してゆく。注目すべきは、物価が急降下した時期に労働者の実質賃金が上昇したことである。したがって、実質賃金の上昇の原因としては、物価の下落の方が労働運動の圧力よりは大きかった、と考えられる。一八七〇年から九五年までの品目ごとの卸売物価指数は［表2］に示される。これによれば、品目ごとに多少の時期的ずれはあるが、この期間に卸売物価はいずれも下落を続けた。その基本的な理由は、この時期のマネー・サプライが経済活動の成長に追いつけなかったことに求められる。一八七〇年以後、主要諸国はいずれも金本位制を採用したが、金鉱の開発が進まなかったために金の供給が増加しなかったのである。

しかし卸売物価下落の原因は、この他にも多々ある。まず運輸革命の進行。つまり蒸気船定期航路が大陸間に開通したことや、イギリス国内外の鉄道網の拡充が、運賃、特に石炭、鉄鋼、穀物などの

	石炭と金属	繊維	穀物	畜産物	砂糖 茶 タバコ コーヒー カカオ豆	全体
1871-05	100	100	100	100	100	100
1876-80	66.7	85.4	95.4	102.6	90.2	92
1881-05	60.7	76.9	83.7	98.6	75.1	83.5
1886-90	61.5	66.5	67.7	84.8	56.8	70.6
1891-05	63.6	60.3	66	84.6	53.7	68.3

［表 2］商務省調査による卸売物価指数（1871-95 年）　1871-05 年の値を 100 とする
〔出典：Saul, S. B., 1969, p.14〕

嵩高い商品の運賃を低下させた。また技術革新の展開は、特に工業製品の価格を押し下げた。さらに、一八七〇年頃に主要国間の自由貿易体制が確立して関税率が低下したことも、貿易商品の価格低下の要因であった。諸物価、とりわけ生活必需品の価格のこのような下落は、実質賃金の上昇と結びついて、安定した職を持つ人々の生活水準を上昇させた。こうして、フレーザーのいわゆる「イギリス大衆市場」が興隆する環境が整ったのである。

イギリス人の生活水準の向上は、まず食生活の変化に表れた。西ヨーロッパの他の地域と同じように、一八七〇年頃までのイギリス人は蛋白質とカロリーの大部分を小麦やその他の穀物から摂取していた。しかしこの頃に初めて、イギリス人の食事は動物性食品を主体とするものに変わっていった。それは、食糧供給のあり方が大きく変化したからである。

前述のように、一八八〇年代からは東ヨーロッパばかりでなく北アメリカからも安価な穀物が大量に流入した。その結果、一九世紀末以後都市近郊を中心として、農家が農業をやめて牧畜や野菜作りや果実栽培に転換するという動きが進行した。国内の牛乳生産額は一八六七年から世紀末までに三分の一増加した。さらに、一八七〇年代に冷蔵技術が、一八八〇年代には冷凍技術が発展したために、鶏卵がドイツから、食肉は北米や南米、さらにはニュージーランドから大量に輸入されるようになった。漁業においてはカッター船が利用されるようになり、魚の腐敗を防ぐための氷の利用が始まると、トロール漁が発展して、一九世紀末には魚市場が全国に広がった。ベーコン・エッグと野菜付きの朝食をとるイギリス人の習慣や、フィッシュ・アンド・チップスという料理が急速に広まったのは、この時期のことである。

多様な食品が大量に生産されるようになると、流通業に大きな変化がもたらされた。一九世紀中頃まで、商品の小売のほとんどは、行商人や露店商あるいは万屋《よろずや》的な固定店舗によって行われていた。一八五一年のロンドンには、四万人以上の露天商がいたと言われる。これらの店舗は掛売り（ツケで売ること）を行い、割高な価格で商品を販売していた。ところが一八七〇年代以後、商品を大量に低価格で仕入れて、現金正価で廉価大量販売するマルティプル・ショップが続々と登場した。これはアメリカではチェーン・ストアと呼ばれる連鎖店であり、その中でも有名なのは、一八七一年にグラスゴーで創業したリプトン社である。また、一八四四年にランカシャーのロッチデールで結成された消費者協同組合は、一八六三年に協同組合卸売協会（ＣＷＳ）を設立して、オリジナル・ブランド品の生産を開始し、現金正価の廉価大量販売を展開した。その組合員数は一八九四年には約二一六万人に達した。

大衆の消費生活の変化は、衣料にも表れた。一九世紀中頃まで労働者たちは衣服を主に古着商から購入し、あるいは誰かのお下がりを着ていた。しかしアメリカでミシンが発明され、一八五〇年代以後にシンガー社の工場がイギリスにも建設されると、家庭内で衣服製造が行われるようになり、既製服製造企業も現れた。そして、一八六〇年代にはイギリスでも既製服が市場において古着を駆逐していった。一九世紀後半の住宅市場においては、中流階級が都市郊外のセミデタッチト・ハウス（隣り合わせの二戸で一棟となるよう建設された住宅）に住むようになった以外には、大きな変化は見られなかった。労働者は一般的に長屋の借家に住んだが、都市人口の増加に住宅供給が追い付かなかったので、家賃が上昇を続けたからである。

一九世紀後半における一般大衆の生活の向上は、文化的側面にも表れた。新聞や雑誌の種類や発行部数が急増した。労働者用のレジャー施設としてのミュージック・ホール、フットボール球技場や競馬場が多数出現し、行楽、旅行が広く行われるようになり、観光地には多数のゲストハウスが登場した。一八八〇年にはダンロップが空気タイヤを発明して、レジャーとしての自転車の利用を加速させた。また一八六〇年代以後、中流階級の顧客に狙いを定めた百貨店が大都市に登場した。ロンドンでホイットリーやハロッズやセルフリッジが創業し、リヴァプールではルイスが創業した。広告業は一八八〇年代の壁貼りポスターの流行から発展し、新聞広告や市電や乗合バスの車両側面広告へと広がった。心理学を応用した「広告の科学」が吹聴されて、一九世紀の末までに広告業が確立した。

製菓業の誕生

大衆の生活水準が上昇すると、中流層や労働者上層の人々の中に、上流層の食生活を模倣しようとする動きが出て来た。製菓業の誕生はその所産である。モーニング・ブレイク、アフタヌーン・ティー、そしてナイト・ブレイクという、食間に紅茶、コーヒー、あるいはココアを飲み、お菓子を食べるという習慣は、かつては上流の有閑階級のみが享受したものであった。この習慣が一九世紀末にはもっと下の社会層に降りてくるのである。

この動きにとって決定的に重要なのは、一九世紀後半における砂糖価格の急激な低下であった。砂糖の関税率は、イギリス連合王国（UK）政府の自由貿易政策が推進された結果、一八四二年以後一貫して着実に低下し、一八七四年には完全に撤廃された。さらに、ドイツやフランスといった甜菜糖生産国は輸出奨励のために砂糖輸出に補助金を交付したので、砂糖価格は急激に低下した。原料砂糖の価格は、一八七二年に一ハンドレッドウェイト（約五〇・八kg）あたり二五シリング六ペンスであったが、一九〇三年には八シリング六ペンスと、約三分の一に低下した。その結果、砂糖だけではなく、ジャムやキャンディーやビスケットの消費が増加した。

ここで製菓業発展の一例として、ビスケット製造業を一瞥しよう。念のために記すが、アメリカではビスケットのことを「クッキー」と呼ぶ。イギリスには「クッキー」という菓子は存在しない。ビスケットがイギリスの市場に出回るようになるのは、それが機械によって大量生産されるようになってからである。その先駆者はトーマス・グラントであり、彼は一八二九年に船内でビスケットを作るための機械を作成して、王立技芸協会から金賞を授与された。また一八三一年にビスケット製造企業をイングランド北部のカーライルで創業したJ・D・カーは、一八三八年にビスケットの型抜き機を発明した。しかし、一八六〇年頃のビスケット生産の最大の企業はハントリー・パーマーズ社であった。同社は一八三三年にロンドン西方の地方都市レディングで、ジョーゼフとトマスのハントリー親子が創業した菓子屋から成長した。父ジョーゼフの死後、ブリストル出身のジョージ・パーマーが経営に参加して一八四一年に組合企業（パートナーシップ）のハントリー・パーマーズ社が成立した。ジョージ・パーマーは、生産の機械化と積極果敢な販売戦略を推進して、同社を躍進させた。

ハントリー・パーマーズ社のビスケット生産量は一八五七年の約二〇〇〇トンから、一八七四年の約一万二〇〇〇トンへと六倍に増加したが、一八八〇年代のイギリスには多数の競争企業が存在していた。スコットランドでは一八六〇年代にミドルマン社とマッケンジー・アンド・マッケンジー社が創業したが、八〇年代には製パン企業のマクヴィティー社とマクファーレン・ロング社がビスケット製造を開始した。一八五一年にアイルランドのダブリンで創業したジェイコブ社は一八八〇年にイングランドに進出し、「クリーム・クラッカー」という製品で大成功を収めた。イングランドではカーライルのカー社が王室御用達のビスケットを製造し、輸出も行っていた。そして、その創業者の弟ジョン・カーは、一八五七年にロンドンで創業されたピーク・フリーン社の共同経営者になった。ピーク・フリーン社の売上高は、一八七一年にはハントリー・パーマーズ社の半分に達したが、一八七一年以後、両社は製品販売に関して協調行動を採った。

これらの企業はいずれも高級品を製造していたが、一八七〇年代には労働者階級のあいだにビスケット需要が生まれた。協同組合卸売協会（ＣＷＳ）はこの需要に応えて、一八七三年にマンチェスターでビスケット製造を開始した。一九〇三年の生産量は二七〇〇トンに達し、ハントリー・パーマー社の生産量を凌駕したが、その売上高は同社の九分の一にすぎなかった。その他に、リプトン社などのマルティプル・ショップがそれぞれオリジナル・ブランドのビスケットを製造販売していた。

　イギリスを含む欧米の製菓企業の特徴は、一企業が一種類の品目に特化したことである。つまり、一企業がビスケット以外にチョコレートやキャラメルを製造するということが、少なくとも大企業では見られない（ラウントリー社は例外である）。単一品目に特化することの利点は、「規模の経済」を実現できるということである。一つの製造ラインで一つの品目の製品を大量生産できるので、単位当たりのコストを下げることができ、利潤率を上げることができる。欧米でこれが可能であったのは、菓子に対する大衆の需要が二〇世紀初めまでに非常に大きくなったからである。日本では、西洋菓子に対する需要が小さかったので、西洋菓子企業は多様な品種の製品を製造しなければならなかった。

　一九世紀中頃のイギリスには、ココアとチョコレートについても、幾つかの有力な製造企業が存在していた。それらの中で突出していたのはイングランド西部の港町ブリストルのフライ社である。フライ社に次ぐココア・メーカーはロンドン東部のスピタルフィールドで一八一七年に創業されたテイラー兄弟社であり、「ロック・ココア」や「マスタード」を生産していた。他の有力企業としては、ロンドン北方のペントンヴィルでさまざまな種類のココアを製造したダン・アンド・ヒューエット社や、チョコレート菓子を製造したヨークのテリー兄弟社があった。しかし、二〇世紀の前半になると、この業界はキャドバリー社、フライ社、そしてラウントリー社の三社によって支配されることになる。

2　チョコレート製造業の発展

ココアとチョコレートの歴史

チョコレートの原料は、カカオ豆である。カカオの原産地は中南米の熱帯雨林であり、メキシコ南部からアマゾン流域までの広い地域に自生していた。カカオは熱帯雨林の低層の樹木であり、一年を通して豊富な熱量と湿気、そして強風からの保護を必要とする。ただし、カカオ豆は収穫後に日光で乾かす必要があり、一年中過度な降雨があると、細菌性の病気がカカオの木に発生する可能性が高い。日陰で育てば、木の寿命は長くなる。したがって栽培するときには緑陰樹を植えて天蓋を作ることも行われた。水捌《みずは》けさえよければ、カカオはさまざまな土壌で生育する。カカオの木は寒さに弱く、熱帯でも海抜六〇〇メートル以上では実を結ばない。世界の赤道地帯の広大な地域がカカオの生育に適しているのだが、実際に大規模にカカオが栽培されたのは、交通の便（特に水運）がよく、労働力の調達が容易な地域だけであった。カカオ栽培開拓前線の出現を決定づけたのは、一定の気候条件の下での森林の社会的入手可能性と労働力の適切な供給だったのだ。例えば、アマゾン河中流域ではカカオが自生したが、栽培は行われなかった。アジアのモンスーン地域では、一九世紀までカカオは重要な作物にならなかった。アフリカのコンゴ盆地には一九世紀末にカカオが持ち込まれたが、ここも重要な産地にはならなかった。

スペイン人による征服以前にカカオが栽培されていたのはメソアメリカだけであり、南米ではそれ以前にはカカオ栽培は行われていなかった。メソアメリカとは、古代アメリカ文明が花開いた地域に文化人類学者が付けた名称で、具体的にはメキシコ南部とそれに隣接する中米地域をさす。メソアメリカで栽培されていたのはクリオロ種のカカオであった。他方、南米のエクアドルやアマゾン河流域ではフォラステロ種が森の中で自生していた。カカオ豆の種類には、その他にクリオロ種とフォラステロ種を掛け合わせた交配種があり、それらの中では、トリニダード島で作られたトリニタリオ種が有名である。

カカオの木はせいぜい一〇メートルの高さにまでしか成長しない。幹や太い枝に直接小さな花が咲き、受粉してできた実がラグビー・ボールを小さくしたような形状の莢《さや》に成長する。この莢をカカオ・ポッドという。その中には白い果肉に包まれて、アーモンド状の種子が三〇~四〇個入っている。収穫後、果肉ごと種子を取り出して、集めて発酵させる。発酵によって種子は褐色に変わり、独特の風味が生まれる。発酵が終わると種子を取り出して太陽熱で乾燥させ、これを袋詰めする。ただし、人工乾燥させる場合もあった。

大航海時代以後にスペイン人がココアを飲む習慣を身につけてから一七六五年頃までに、カカオは主にクリオーリョ（中南米で生まれた白人）を中心としたヨーロッパ系農園主によって地主管理農園で栽培された。それは、彼らが地主として社会的影響力を持ち、不自由労働を利用できたからである。しかし、カカオは緑陰樹を必要とするので、本来大農園（プランテーション）経営に適さない。また、強制労働を必要としない。むしろ、小規模な自作農や借地農経営に適合的である。

カカオ農業の特徴の一つは、処女林（未開の森林）を貪欲に切り拓くことによって発展したことである。既成の農園に新たに植えられたカカオの木は、土地の肥沃度の低下のために、多くの実を結ばないからである。カカオ栽培は、鉱山業に似て資源浪費的なのである。だから、カカオ栽培の中心地が二〇世紀初めに南アフリカから西アフリカに跳ぶ、ということが起こったのだ。ポルトガル人は一八三〇年代に、ブラジルのカカオの種子を中部アフリカのプリンシペ島に持ち込んだ。中部アフリカと西アフリカでは、プリンシペ島からフォラステロ種カカオが拡散していった。ガーナにカカオの種子が持ち込まれたのは、ずっと後の、一九世紀後半である。カカオ栽培はガーナからコートジボワール（アイボリー・コースト）に伝播した。プリンシペ島では強制労働が行われたが、ガーナやコートジボワールでは、自作農経営や借地農経営が一般的になった。

チョコレートは、一九世紀中頃までは、固形の食べ物ではなくて飲み物、つまり日本語でいうココアを意味していた。メソアメリカ人は、ココアにトウモロコシの粉末やトウガラシを入れて、健康食ないし精力剤として、冷たいままで飲んでいた。スペイン人はココアの粉末に砂糖とバニラとシナモンを入れて、温かい飲み物として愛飲した。この形態のチョコレート（すなわちココア）を飲む習慣は、一六世紀中にスペインだけでなく、その帝国植民地の中南米とフィリピンに広がった。さらに一七・一八世紀には、フランスやイタリアなどの上流階級の間に広がった。

一九世紀チョコレート産業の技術革新

一九世紀中に、ココア・チョコレート産業は大革命を経験した。一言で言えば、この間にチョコレートは「高価な飲み物」から「安価な飲み物」に、さらには「安価な食べ物」に変容した。この変革は、ヨーロッパで起こった幾つかの技術革新を通して行われた。

まず一八二八年にオランダのファン・ハウテン（英語読みではヴァン・ホーテン）が粉末チョコレート製法の特許を取得した。カカオニブ（カカオ豆の胚乳部分）をすり潰すと褐色のドロリとしたカカオマスができるが、カカオマスには油脂が五五％含まれる。この油脂がカカオバターである。カカオマスを乾かしたものを湯に溶くと油脂が浸み出して湯に浮き、飲みにくい。そこでカカオ製造業者は、油脂を安定させるために、カカオマスに砂糖、バニラ、シナモン、澱粉などを混ぜていた。しかしファン・ハウテンは、油圧を利用した非常に効率の良い圧搾機によって、チョコレート原液の中のカカオバターを二七％程度に減らして、残った固形分を非常に細かい粉末にすることに成功した。これによって、優れた味と香りの純正ココアが誕生した。

しかし当時はまだ、ヨーロッパ大陸諸国では大衆消費市場が未熟であったために、その売り上げは伸びなかった。ジョージ・キャドバリーは、その圧搾機を一八六六年に買い上げて純正ココアを生産し、一九世紀末のイギリスで大々的に宣伝して売り上げを伸ばし、キャドバリー社の躍進の足掛かりとした。なお、カカオバターは不要なものではなく、化粧品や医薬品にも使われて用途が広く、高価である。また、高級チョコレートの製造にも使われる。ホワイトチョコレートは、カカオバターを主原料とする製品である。

ところで、ファン・ハウテンは圧搾機をキャドバリーに売却する頃には、すでに第二の技術革新を成功させていた。彼はカカオ豆を焙煎する前にアルカリ塩（カリウム・ソーダ灰）を添加すると、カカオが水と混ざり易く、苦みが薄くなり、風味が増すことを発見した。この処理法はダッチングDutchingと呼ばれた。アルカリ処理されたココアは、イギリスの大衆にも好まれ、一八九〇年代にはオランダ製ココアの売上高は、イギリス産のそれの半分に達した。

第三の重要な技術革新は、イギリスのブリストルのJ・S・フライ・アンド・サンズ社によって一八四七年になされた。同社は砂糖入りのココアの粉末を、湯ではなく、溶かしたカカオバターと混ぜる方法を開発した。この方法によって、従来よりも薄くて粘り気のある、型に流し込んで成型するのに好都合なペーストを作ることが可能になった。こうして、同社は世界で最初の本格的な「食べる」チョコレートを作った。

第四の重要な技術革新は、ミルクチョコレートの製造である。ミルクとココアを混ぜ合わせて美味しい飲み物を作るのは大変困難なことであったようだ。一八六七年にスイスのアンリ・ネスレが蒸発脱水によって粉ミルクを作る方法を発明したが、粉ミルクとココアを混ぜても、あまり美味しい飲み物やチョコレートは製造できなかった。しかし、ネスレの友人であるスイス人のダニエル・ペーターが、一八七八年のパリ万博に出展した「ショコラ・オ・レ・ガラ・ペーター」と命名されたミルクココアは大好評を博し、彼はさらにその後、固形のミルクチョコレートを量産した。ココアとミルク（ないし粉ミルク、あるいは練乳）を混合する割合、そして加熱時間や温度、圧力と冷却時間の組み合わせによって製品の良し悪しが決まるのであり、そのレシピは企業秘密であった。のちには一九〇四年頃、合衆国でハーシー社の菓子職人シュマルバックが少し酸味のある独特の「ハーシーズ・ミルクチョコレート・バー」を開発し、イギリスでも同年にキャドバリー社のジョージ・キャドバリー・ジュニアの研究チームがイギリス人好みの「デアリー・ミルク」を開発したが、これらはいずれも、それぞれ独自に行われたのである。

第五の革新は、スイス人ルドルフ・リントによるコンキング法であり、これを彼は一八七九年に発明した。これは窪みのある御影石の台にチョコレート原液を流し込んで、その中で御影石のローラーを自動的に前後に動かして丁寧にすり潰す仕組みである。これによって、とろけるような口当たりのフォンダン・チョコレートが出来上がる。この発明によってチョコレートは、パンや菓子に付けて食べられるようになり、その結果、チョコレートに対する需要は飛躍的に伸びた。

このようにして開発されたチョコレート製品は、一九世紀の動力革命（蒸気機関と後の電動機の登場）や、ベルトコンベアを使った移送式大量生産システムの開発などによって量産されて、大衆向けの「安価な食べ物」となった。世界全体のカカオ輸入量は、一八七〇年から一八九七年の間に約九倍に増加した。［表3］は一八八五年から一九一四年までの主要国のカカオ輸入量を表したものである。従来どおりにチョコレートを飲料として消費するスペインでは、その輸入量に変化はない。しかし、固形チョコレートとして食べる国々での消費が急増した。一九〇〇年のカカオ輸入量を見ると、アメリカ合衆国、ドイツ、イギリス、フランスがほぼ同じに並んでいる。その後、合衆国とドイツの輸入量が増え続けるが、イギリスのそれも一八七〇年から一九一〇年までの間に約六倍に増加した。

国	1885	1890	1895	1900	1905	1910	1914
アメリカ	5	8	13	18	32	47	78
ドイツ	3	6	10	19	30	44	54
オランダ	1	n.a	3	6	11	19	32
イギリス	7	9	14	20	20	25	30
フランス	12	14	15	18	22	25	26
スイス	1	n.a	2	4	5	9	10
スペイン	7	8	7	5	6	6	7
オーストラリア			1	2	3	5	7
ロシア			1	2	2	4	4
ベルギー			2	2	3	5	3
カナダ					1	1	3
イタリア			1	1	1	2	2
計	n.a	n.a	71	98	140	199	267

［表 3］主要国のカカオ輸入量（単位：千トン）
〔出典：Clarence-Smith, W. G., 2000, p.56〕

フライ社――イギリスココア・チョコレート業の先駆

一九世紀末のイギリスにおいてココア・チョコレートの最大の売上高を誇った企業は、フライ社である。その創業者ジョーゼフ・フライ（一七二八～八七年）は友会徒（クエイカー）の家系に生まれ、H・ポーツマスの下での徒弟奉公を経て一七五三年にブリストルで薬剤師として自立した。薬ないし健康食品としてココアも商ったが、W・チャーチマンのココア製造販売事業（一七二八年に創業）を一七六一年に買い取り、ブリストルのユニオン・ストリートに工場を建設した。ジョーゼフは、しかし、これに集中することなく、多方面で事業を展開した。石鹸製造業、ロンドンの化学事業、ブリストルの磁器製造業、印刷活字製造業、印刷業にも手を出した。いずれもある程度成功し、彼は薬剤師の仕事を辞めてしまった。印刷活字製造業は、自分の長男および次男との三名の組合企業（パートナーシップ）として経営した。彼の死後、ココアの製造販売事業は彼の妻アンナと彼の三男ジョーゼフ・ストールズ・フライ（一七六七〜一八三五年）によって継承され、アンナの死後ジョーゼフ・ストールズの単独経営となった。

ジョーゼフ・ストールズ・フライの事績として特筆するべきは、一七九五年にワットの回転式蒸気機関を工場に設置してココアの大量生産を始めたことである。これはおそらく、ココアが工場で大量生産された最初の例である。事業は順調に発展し、一八二二年に彼はこれを自分の三人の息子との共同の組合企業にした。一八二四年には同社はイギリスに輸入されるカカオ豆の四割を消費し、その年間売り上げは一二〇〇〇ポンドに達した。ジョーゼフ・ストールズの死後、会社は三人の息子、長男ジョーゼフⅡ世（一七九五〜一八七九年）、次男フランシス（一八〇三〜八三年）、三男リチャード（一八〇七〜七八年）の組合企業となった。彼らはいずれもキリスト友会の教会業務やイギリス内外聖書協会British & Foreign Bible Societyにおいて目覚ましく活躍した。さらにジョーゼフⅡ世の長男ジョーゼフ・ストールズⅡ世（一八二六〜一九一三年）が一八四六年に入社し、一八五五年にはパートナーとして経営参加した。彼が経営参加した頃から、ジョーゼフⅡ世とリチャードは次第に事業経営に興味を失い、ココア・チョコレート事業はフランシスとジョーゼフ・ストールズⅡ世によって経営されるようになった。フランシスは、また、鉄道事業の経営者としてもその才能を発揮した。

彼らは一八四七年に世界で初めて棒状の固形チョコレートを製造した。当初はあまり売れなかったが、ハッカ入りの白みを帯びた「フライズ・チョコレート・クリーム」が大ヒットした。また、「カラカス・ココア」と「カラカス・チョコレート」も大変よく売れた。フライ社はイギリスの陸・海軍からのココア・チョコレートの注文を独占し、カナダをはじめとする海外市場に販路を広げていった。急増する需要に対処して一八六九年に第二工場が建設されたが、その後一九〇七年までにさらに六つの工場がブリストル中心部のユニオン・ストリートに増設されていった。フランシス・フライは一八八三年に亡くなった。一八九六年には同社は組合企業（パートナーシップ）から非公募有限責任会社（いわゆる私会社）J. S. Fry & Sons Ltd. に改組され、ジョーゼフ・ストールズ・フライⅡ世が社長になった。この時の公称資本金は一〇〇万ポンド、従業員数は約四五〇〇人であった。

ジョーゼフ・ストールズⅡ世は一八九六年から一九一三年に八七歳の高齢で亡くなるまで、一七年間も社長職にあった。この間もフライ社の売り上げは増加し続けたが、同社の進取の気質は次第に失われていった。ジョーゼフ・ストールズⅡ世は「禁欲的職業倫理」の体現者であり、企業経営と宗教業務以外のことがらにはまったく興味を示さず、生涯独身を通した。一九二八年に発行された同社の記念誌に次のような文言がある。「キリスト友会の会員は、ヤンキーのハッスル精神を常に憎んできた。……産業における彼らの素晴らしい成功は、主に忍耐、慎重、正直と勤労によったのである。彼らは古い証明済みの経営方針や製造工程を決して安易に破棄しなかった。それに代わる何かもっと良いものがあると完全に確信するまでは」。ジョーゼフ・ストールズⅡ世の社長時代に同社の売り上げが伸びたのは、単にイギリスや海外の需要が急速に拡大したからであった。［表4］は一九世紀末から二〇世紀初めの友会徒（クエイカー）系ココア・チョコレート製造企業三社の売上高の推移を示し

年	フライ社	キャドバリー社	ラウントリー社
1875	236,075	70,395	19,177
1880	266,285	117,505	44,017
1890	761,969	515,371	——
1895	932,292	706,191	109,328
1905	1,366,192	1,354,948	903,991
1910	1,642,715	1,670,221	1,200,598

[表4] 友会徒系ココア・チョコレート三社の売上高比較（単位£＝ポンド）
〔出典：Cadbury, D., 2010, pp. 117, 135, 141, 155, 223, 226.〕

たものであるが、この期間にキャドバリー社が、次々に新機軸を打ち出してフライ社を猛追していたのである。

3　友会徒（クエイカー）の企業者活動

友会徒について

フライ社、キャドバリー社とラウントリー社の三社は、いずれも友会徒（クエイカー）によって創業された。このことに関して、武田尚子が『チョコレートの世界史』の中で、友会徒とチョコレートとの間の強い結びつきを、次のように説明して見せた。クエイカーと呼ばれる友会徒は宗教上の理由から身体の振動（クエイク）を重視するので、身体にエネルギーとパワーを蓄える必要があり、そのことが彼らをココア・ビジネスに向かわせた、というのである。

武田尚子のこの本は、チョコレートの世界史を概観するための良書である。たくさんのカラー刷りの図版も入っており、楽しい。しかし、友会徒についてのこの説明の誤りだけは看過できない。イギリスのチョコレート企業について書かれた本は多々あるが、友会徒とチョコレートの関係については、いずれも偶然だと見做して処理している。私も同意見である。なぜなら、友会徒は身体を震わせることを重視しないからだ。彼らはキリスト信者なのだから、シャーマニズムの「憑きもの」のようなまねはしない。私はイングランドの友会徒の歴史を研究対象にした関係で、日本とイギリスで合わせて一〇〇回ほど彼らの礼拝集会に参加した。しかし、身体を震わせる信者など見たためしがない。

彼ら友会徒は、自分たちを「光の子たち」とか「フレンズ」と呼んだ。日本での正式名称は「基督友会」である。「クエイカー」というのは、その興隆期において、悪意ある敵対者たちが彼らを罵って呼んだあだ名であった。これは、初期のキリスト信者たちが「十字架に付けられて死んだキリストを救世主だと考える大馬鹿者ども」という意味合いでギリシャ語で「クリスティアノイ」と呼ばれて迫害されたのと同じ現象である。そして「フレンズ」は、初期のキリスト信者がイエスの復活を信じて「クリスティアノイ」の蔑称をむしろ誇りとしたように、「クエイカー」と呼ばれることを受け入れた。実際、彼らの心は「神の息吹（聖霊）」を受けて、喜びに震えたからである。ただし、「クエイカー」という呼び名に秘められた世間の人々の蔑視には一定の理由があった。ここで少し寄り道をして、イギリスの友会徒の歴史を簡単に振り返ってみよう。

友会徒派は、一六五二年末にイングランド北西部丘陵地帯のシーカー（求道者の群れ）から生まれた。翌年にはジョージ・フォックス（一六二四〜九一年）を指導者とする七〇名近くの宣教師たちが全国的な宣教活動を開始した。これはイギリスの政治史の上では、ピューリタン革命が最高潮に達した後の時期であった。すなわち、一六四〇年代の内乱に議会側が勝利して、その指導者たちが一六四九年に国王チャールズ一世を処刑して共和国政府を樹立した直後である。国土が臣民の手によって処刑されるというのは、イギリス史上空前絶後の事態であった。しかし共和国政府の基盤は不安定であって、「聖者議会」の成立と解散を経て、一六五三年にオリヴァー・クロムウェルが護国卿に就任して、ようやく一定の政治的安定が保たれた。

この時期の宗教界も混乱の坩堝《るつぼ》の中にあった。すなわち、一六四三年に国教会（アングリカン教会）の主教制が廃止されて、一六四八年にスコットランドと同様の長老教会制を樹立するという議会法が成立した。しかし共和国政府もクロムウェルも、この議会法を実行する意図をまったく持たなかったので、一六四〇年代と五〇年代のイングランドでは宗教信仰自由の状態が現れて、さまざまな新しい宗教グループが生まれることになった。友会徒（クエイカー）派も、そのようなグループの一つであり、清教徒（ピューリタン）のうちでも聖霊の働きの重要性を極端に重視する神学を特徴とした。その指導者たちはキリスト教神学を体系的に学習したことのない平信徒たちであり、自らの宗教体験と思索を基にして宗教思想を組み立てたので、その神学は国教徒（アングリカン）や清教徒の正統派から見ると、非常に異端的であった。

興隆期の友会徒は、キリスト教の「父と子と聖霊」の三位一体のうちの聖霊の働きを重視し、神学を修めた聖職者や聖書の権威を低く見た。彼らによれば、「内なる光」と呼ばれる聖霊はすべての人の内面に存在する。人が真理を知り、身も心も救済されるためには虚心に「内なる光（聖霊）」の導きに従えばよいのであって、教会で行われる儀式（聖礼典）には何の意味もない。

しかも彼らによれば、今こそキリストの再臨が始まる時期である。彼らは当時の政治的・宗教的な非常事態が、聖書に記された終末期と一致する、と考えたのである。彼らのメッセージは、「キリストの王国は近づいた。悔い改めよ」というものであった。彼らは、地主や金持ちが民衆を苦しめていると考えて、為政者に「社会的正義」の早期実現を要望した。また既存の教会は、不平等な社会を安定させる装置に成り下がっている、と看破した。そして、彼らは街中で宣教するばかりでなく、日曜日には教会に殴り込みをかけた。友会徒の宣教師のこのような活動は、社会の支配層にとっては、まったく目障りであった。そこで、地方の治安当局は彼らを浮浪罪で取り締まった。ある時フォックスは浮浪罪で逮捕されて、官憲に対して「神の名を聞いて、畏れ震えよ tremble」と言い放った。彼を逮捕した官憲は「お前らは震える連中 Quakers か」と切り返した。ここから「クエイカー」という蔑称が一挙に広まった、とされる。

しかし、友会徒の終末待望は、一六六〇年の王政復古と共に消え去ってしまった。旧来の支配者たちが権力を奪い返し、国教会制が再建され、非国教徒（清教徒とカトリック）を国教徒に転向させるための国会法が次々に制定された。友会徒を取り締まるためには、特別に「クエイカー法」が制定された。一六六〇年から「信教寛容法」が制定される一六八九年までに、投獄その他の迫害を受けた友会徒の受難者の総数は一万五〇〇〇人以上であり、一七世紀末の信徒数全体の四分の一に達した。この間に多くの指導者が獄中で死去し、友会徒派は文字どおり滅亡の危機に晒された。

この滅亡の危機に直面して、フォックスとペンとバークレーの三名が果たした役割が教団を存続させるうえで重要な意味を持った。教祖ジョージ・フォックスは一六六六年に出獄した後、一六六八年までに全国を巡って、孤立・分断されていた各地の礼拝集会を訪問して、礼拝集会の基礎の上に教会業務集会を設立していった。こうして一六七〇年代には各地の状況を下から上に伝え、上からは各地の信徒を支援し、忠告を伝える全国的な組織が構築された。

ウィリアム・ペン（一六四四〜一七一八年）はイングランド海軍提督の息子で、騎士の称号を持ち、国王とも親しい間柄の知識人であったが、一六六五年に友会徒の宣教師ウィリアム・ローの説教を聞いて感動し、友会に帰依した。彼は『十字架なくして、王冠無し』（一六六九年）や『道を拓く鍵』（一六九二年）によって友会徒の信仰を解説して、世間の理解を得ることに貢献した。また、父の年金代わりに与えられた北アメリカ植民地を「ペンシルヴァニア」と名付けて、ここに本国からの移民による宗教的自由と友愛の理想郷を実現しようとした。

ロバート・バークレー（一六四八〜九〇年）は、スコットランドのユアリーで貴族の家庭に生まれた。少年時代に長老派の学校で教育を受け、後にソルボンヌ（パリ）大学でカトリック神学を学んだ。彼は父に倣って一六六六年に友会に帰依し、一六七六年に『真のキリスト教神学のための弁明』をアムステルダムで出版して、初期友会徒の神学を体系化した。これは一八世紀の友会に大きな影響を与えた。

友会徒とイギリスの社会

一六八九年の「信教寛容法」の成立をもって迫害の時代は終わった。しかし、友会徒はカトリック教徒と共に、一八三〇年代まで社会的差別を受け続けた。彼らは中央と地方の官職から排除され、大学からも排除された。このような迫害と差別が、友会の性格を完全に変えていった。興隆期の活動的で攻撃的な性格は押し潰され、彼らは一八世紀には極めて内向的で禁欲的な「静寂主義」の宗教グループになっていた。彼らは世間の白眼視に晒されて、自分たちを「清く正しく美しい」グループに見せることに全力を注いだ。毎年の年次総会からは各地の教会業務集会に向けて、信者の毎日の言動をチェックするための「忠告と質問」が送付された。そこでは、正直、質素、簡潔な言葉遣い、時間厳守などの徳目が説かれた。泥酔やセクハラなどの不品行を行った者や、友会に所属しない人を配偶者にする者は友会から除籍された。これらのうちで最後の、結婚に関する規定の歴史的意味は重要である。そのために、友会徒の信仰は世襲的になり、友会は一種の氏族集団になってしまった。また、商売において破産した者は、審査の上で、本人に非がある場合には除籍された。このような除籍が非常に頻繁に行われ、北アメリカへの移民も多数に上ったために、一七世紀末に六万人を数えた信者数は、一八世紀末には約一万五〇〇〇人にまで減少した。

そして一九世紀の初めには、信者の家族の約半数は、品行方正で豊かな商工業者から構成されるようになっていた。つまり、この一世紀の間に友会徒派は、下層中流層の宗派からブルジョワジーの宗派へと変容したのである。実際、多数の有名な実業家が友会から輩出した。産業革命期の鉄工業のダービー家、綿工業のブライト家やアシュアワース家、銀行業のロイズ家、ガーニー家、バークリー家、ピーズ家、化学企業のレキット家やクロスフィールズ家などなど。そして、前述のビスケット企業のハントリー家もパーマー家も友会徒の人々であった。これらの実業家たちについては、数多くの著作が書かれてきた。

迫害と差別を受け、世間からの白眼視に晒されたために、実業の世界で禁欲的に努力を重ねて多くの成功した実業家を生み出したという意味では、友会徒はユダヤ教徒に似ている。しかし、ユダヤ教が民族宗教であるのに対して、キリスト教は世界宗教である。友会徒はとりわけ、「内なる光」がすべての人に内在すると信じるので、徹底した博愛主義者であった。ここが、ユダヤ教徒と友会徒との決定的な違いである。実際、友会徒は徹底した博愛主義を、奴隷制廃止運動、監獄における囚人の待遇改善の運動、フェミニズム運動、さらには絶対平和主義の運動の中で展開してきた。

ところで、一八世紀末までにブルジョワ化した友会徒たちの指導者たちの多くは、アングリカン福音主義者たちと親密に接触して、聖書主義と「信仰のみによる救い」を強調するようになった。そうして、ジョーゼフ・J・ガーニーを中心とする福音主義者たちが、一八三〇年頃までにイギリスの友会を支配するに至った。

一九世紀初めに友会徒が福音主義神学を受け入れたということは、彼らがその興隆期の思想から離れて、プロテスタント正統派の流れの中に身を置いたことを意味した。したがって、一九世紀中葉においては、友会徒派はイギリス社会の中で「尊敬に値する」宗教グループとして認知されるようになった。ところが一九世紀末には友会の中で「自由主義的（リベラル）」と総称されるさまざまな思想傾向が興隆してくる。このような動きは主に二つのグループによってリードされた。一つは、キリスト教の信条を合理的なものだけに限定しようとする「合理主義神学」の提唱者である。もう一つは、歴史的研究の進展を踏まえて、興隆期の神秘主義的で熱狂的な信仰を取り戻そうと呼びかけた人々である。これらの新しい思想には神学的に一致した見解はなかった。つまり「自由主義（リベラル）」

とは神学的な「いい加減さ」を意味するのである。こうして、一九世紀末以後のイギリスの友会は、さまざまな神学思想を包容する宗教グループになっていった。しかし、この時期のイギリス友会徒は、個々の信者の宗教的体験を重視するという点と、博愛主義的な「社会的正義」の実現の追求という二点においては一致していた。キャドバリー家とラウントリー家の人々の思想と活動には、友会のこのような時代背景があったのである。

富と友会徒

ところで、成功して富を蓄えた友会徒の実業家の多くは、友会から脱退して国教徒になっていった。このような動きは一九世紀中頃から始まって、大きなトレンドとなった。例えば、ボウルトンの綿工業主であり穀物法廃止運動で有名なジョン・ブライトの子供たちや、銀行業で成功したロイズ家やガーニー家の家族、また鉄工業のダービー家の家族は、一九世紀中頃に友会から離れた。友会徒の中にはビール醸造業で成功した実業家も多かったが、友会徒の主流が一九世紀後半に節酒主義 temperance から絶対禁酒主義 teetotalism に移行すると、彼らは友会に留まるか、あるいは事業を手放すか、という選択を迫られることになった。

さらに一九世紀末から、富裕な実業家家族の友会離れの動きは加速した。友会の指導者たちが社会問題への取り組みを強調するようになり、成功した友会徒実業家も、禁欲的職業倫理に加えて「隣人愛の勧め」の実践を要求されるようになった。それは、つまり労働者を使用者と対等の人格として処遇することを意味したが、これは彼らにとっては困難なことであった。彼らの多くは、むしろ、窮屈な友会から退会して国教徒になる道を選んだ。例えば、レディングのビスケット製造業者のジョージ・パーマー（一八一八～九七年）は従業員に低賃金で長時間労働を強いたことで有名である。そして、その子供たちは皆、友会から退会して国教徒になり、それぞれ一〇〇万ポンド前後の財産を遺した。つまりミリオネア（億万長者）になったのである。

イングランド北部のクリーブランドのピーズ家は、毛織物業で成功して金融業に進出し、ジョーゼフ（一七九九～一八七二年）の時代に炭鉱業、鉱山業、毛織物業、銀行業、（鉄道車両生産の）機械工業などへの多角的投資に成功して地方財閥を形成した。その長男のジョーゼフ・ウィットウェル・ピーズ（一八二八～一九〇三年）は準男爵になった。彼は友会に留まったが、その子供たちは皆、友会から退会した。一八八八年にブライアント・メイ社で起こった労働争議は、ロンドンのマッチ工場女子工員の大規模なストライキの発端となったが、その企業経営者たちであるブライアント家の人々も、第一次世界大戦の頃には、すでに友会から退会して、国教徒になっていた。

したがって、キャドバリー家とラウントリー家の人々は、実業において大成功を収めながら基督友会の社会問題にコミットし続けたという意味で、非常に貴重な存在だったのである。後に触れるように、一九一八年に第一回友会徒使用者会議がジョージ・キャドバリーの元屋敷で開催されたが、これに参加した企業七五社のうちで従業員数を基準としたイギリス製造業の最大一〇〇社に含まれるのは、キャドバリー社とレキット社だけであった。ラウントリー社はやや大規模であったが、他の企業はいずれも中小規模の家族企業だったのである。

第二章　ジョージ・キャドバリーとジョーゼフ・ラウントリーの時代（一八九六～一九一四年）

1　社会的・政治的背景

一九世紀末イギリスの社会・政治問題

一九世紀末イギリスの政治において、国内的な最重要問題は労働者階級の政治的成長への対応であり、対外的なそれは帝国の維持ないし拡張であった。

まず、国内的問題について。一八三〇、四〇年代に三次にわたってチャーティスト運動が展開された。これは労働者の国政への参政権を求める運動だったが、敗北に終わった。一八五〇、六〇年代には、熟練労働者が職種ごとの「新型」組合を結成し、穏健で着実な運動を展開した。また、それらを基礎にしてロンドン労働組合協議会やＴＵＣ（労働組合会議）が結成された。これらの動きを背景として、一八六七年には労働者階級上層に対して参政権を認める第二次選挙法改正が行われた。また一八七一年には、労働組合の法的地位と争議権を認める「労働組合法」が成立した。一八七四年には初めて労働者階級出身の庶民院議員が誕生した。しかし、彼らは自由党に所属し、「リブ＝ラブ」派と呼ばれた。

一八八〇年代には、このような状況を打破しようとする「社会主義の復活」と呼ばれる動きが現れた。一八八一年にはマルクス主義の「社会民主同盟」が、一八八四年には非マルクス主義の「フェビアン協会」が結成されて、労働運動に新風を吹き込んだ。このような動きを受けて、第二次グラッドストーン内閣によって一八八五年に第三次の選挙法改正が行われて、農業労働者と鉱業労働者に選挙権が拡大された。その結果、有権者数は約四四〇万人になり、その過半数を労働者が占めることになった。しかし、労働者階級下層の多くは常に失業の危険にさらされていた。全国の失業率は一八五一年から七三年までの平均が約五％であったが、七四年から九五年には平均で約七・二％に高まった。このような状況を改善するために、彼らは立ち上がった。一八八八年のロンドンのマッチ工場女子工員のストライキと、八九年のガス労働者と港湾労働者のストライキはすべて労働者側の勝利に終わった。これをふまえて、一八九〇年代には不熟練・半熟練労働者を中心とする「一般労働組合」が組織された。これは業種・職種を問わず、誰でも加入できる労働組合であった。これに影響されて、熟練労働者の職種別組合も加入資格を拡大した。「一般労働組合」は、労働条件の改善などについても国家の介入を要求した。自らの地位の向上のために声を上げ始めた労働者大衆の要求にどのように応えるかが、国内政治の課題になってくる。

次に対外的問題について。一七世紀末から一九世紀初めの「ナポレオン戦争」までイギリスはフランスとの間でいわゆる「第二次百年戦争」を戦ったが、それは世界的な規模での植民地争奪の戦いでもあった。この間にイギリスは、世界各地に植民地の拠点を確保した。産業革命以後のイギリスは対外的に自由貿易主義を掲げたが、自由貿易を受け入れない国々に対しては、「アヘン戦争」の例に典型的に示されるように、自由貿易を強要した。「自由貿易の帝国主義」である。また、イギリスの公式の植民地領域は一八三〇年から七〇年代までに急激に拡大していった。そのなかでイギリス経済にとって最も重要な植民地となってきたのがインドであった。

一八七四年には、民衆の福祉と帝国の維持を政策目標とする保守党の第二次ディズレーリ内閣が成立した。ディズレーリは一八七五年にエジプト副王が所有するスエズ運河株を買い取って、インドへの最短の海路を確保した。一八七六年にはヴィクトリア女王にインド女帝の新称号を与えた。また、ロシアとトルコの露土戦争に介入して、ロシアの南下を抑えるとともにキプロス島を獲得した。しかし一八七八年に開始したアフガニスタンへの侵攻は、イギリスを第二次アフガン戦争の泥沼に引きずり込んでしまった。

自由党のグラッドストーンは、ディズレーリの政策を批判して自由主義、普遍的国際主義、平和主義を掲げ、一八八〇年の総選挙に勝利して第二次グラッドストーン内閣を組閣した。しかしグラッドストーンはイギリス帝国支配下のエジプトやスーダンでの激しい民族主義的な武装闘争に直面した。やむなく一八八二年にエジプトを占領して保護国化したが、このことは、やはり北アフリカに利害関心をもつフランスの反感を買った。こうして、グラッドストーンは自らの理想に反して、世界の領土分割競争に巻き込まれていった。

グラッドストーンが自らの政治的使命の一つと見做したのが、アイルランド問題の解決である。

アイルランドはイギリスにとって最も古い植民地であるが、一八〇〇年にイギリスに併合された。一八二八年には審査法が廃止され、その翌年にはカトリック解放法が制定されて、アイルランドは国会議員をイギリスに送り込むことができるようになった。しかしアイルランドの土地の大部分はイギリスの不在地主が所有し、アイルランド人小作人たちは理不尽な条件の下で過酷な生活を強いられていた。一八四〇年代に起こったジャガイモ飢饉の影響は長く続き、その後の半世紀間にアメリカへの移住などによってアイルランドの人口は半減した。アイルランドの民族主義の中には武装闘争を実行するグループもあったが、一八七四年の総選挙から出現したアイルランド国民党は、パーネルに率いられて党勢を伸ばしてイギリスの国政に大きな影響力を持つにいたった。グラッドストーンは、アイルランド人の不満を和らげるために第一次と第二次の「アイルランド土地法」を成立させた。しかし、国民党がアイルランド自治権を要求するに至って、グラッドストーンは一八八六年に「アイルランド自治法案」を国会に提出した。これに対しては、保守党のみならず、自由党内部からも異論が噴出した。ジョーゼフ・チェンバレンらに率いられた自由党内の反対派は自由党を離脱して自由統一党を結成した。同年七月の総選挙では自由党が大敗し、保守党のソールズベリ内閣が成立した。

「社会帝国主義」

一八八四年にはドイツのビスマルクが列強諸国間の調停者としてベルリン会議を主催し、イギリスやフランスを含む列強諸国がアフリカ植民地分割のルールを討議した。ソールズベリ内閣はアフリカ大陸縦断政策を企て、貿易・植民の特権を「特許会社」に与えて領土拡張政策を展開し、海軍力増強にも着手した。保守党と連携したチェンバレンは、はじめは土地改革・土地課税政策を推進したが、これが実現不可能であると悟ると、社会福祉の財源を「帝国」運営に求める政策に転換した。これは「社会帝国主義」と呼ばれる立場である。一八九五年の総選挙で大勝した保守党は自由統一党と合体して統一党を結成した。これによって成立した第三次ソールズベリ内閣と、その植民地相に就任したチェンバレンは、「社会帝国主義」を積極的に推進した。まず労働者対策としては、一八九六年に労使調停法、九七年に労働者災害補償法を成立させた。後者は雇主による労働災害への自動的保障を規定した。また、中等教育の拡充や老齢年金についても意欲的に取り組んだ。しかし、これらの法案はボーア戦争の勃発によって棚上げになった。

南アフリカのケープ植民地は一八一五年のウイーン会議によってイギリスの領土となった。しかし、ここにはすでに多数のオランダ系のボーア人が入植して、アフリカ人を使役して農業・牧畜を営んでいた。彼らはイギリスの奴隷制禁止に反発して、ケープ植民地を捨てて北に移住し、一八五二年にトランスヴァール共和国、五四年にオレンジ自由国を建国した。ところがその後、両国でダイヤモンドと金の鉱山が発見され、一八八〇年代後半から多数のイギリス人が一獲千金を夢見て両国に流入した。このような移入民に対するトランスヴァール政府の差別的な政策の是正を口実にして、ケープ植民地首相のセシル・ローズは同国への侵略を試みた。ローズは「ジェームソン侵入事件」の醜態によって内外の批判を浴びて失脚した。しかし、南アフリカ高等弁務官に就任したミルナーがトランスヴァールへの内政干渉を強めた結果、一八九九年にトランスヴァールはイギリスに対して宣戦布告した。

戦争は当初ボーア人側が有利だったが、劣勢に転じるとボーア人はゲリラ戦を展開して抵抗を続けた。残虐なゲリラ掃討戦を経て、ボーア戦争は一九〇二年五月にようやく終わった。イギリス国民は開戦を熱狂的に支持したが、戦争が長期化して四五万の兵員と莫大な戦費を費やすに至って、政府への不満を募らせていった。さらにこの時期には、イギリス国内での貧困問題が表面化した。この頃まで、中央と地方の行政当局は労働ができない貧民の救済には熱心に取り組んだが、労働可能だが職に就けない貧民の救済は自助努力に任せて、その救済に取り組んでこなかったのである。労働者階級下層の貧困の問題は救世軍の創始者ウィリアム・ブースなどによって声高く提起されたが、ボーア戦争に志願した新兵の身体検査によっても、若者の体位がいちじるしく劣化していることが明らかになった。さらに、チャールズ・ブースとシーボーム・ラウントリーがそれぞれ別個に実施した社会調査の結果、ロンドンとヨークの住民の約三割が窮乏線以下の生活を余儀なくされていることが明らかになった。こうした貧民たちは多様なセイフティー・ネットに頼り、最終的には救貧行政にすがって生き延びていたのだ。一九世紀末の大衆消費社会成立の裏側には、その繁栄にあずかれない下層貧困層が存在していた。政府は、これらの人々を救済する福祉政策の実施を迫られた。したがって、急増する軍事費と社会福祉費をどのように捻出するのかが、政府にとって焦眉の課題となった。

チェンバレンは、この国家財政の危機を関税改革によって解決しようとして、一九〇三年から「チェンバレン・キャンペーン」を展開した。彼はイギリスの従来の一般的な自由貿易主義を改めて、自由貿易体制をイギリス帝国領域にとどめ、その外部の国々との交易については保護貿易主義を採用することを提唱した。この新たな関税収入によって、彼は増大するイギリスの軍事費や社会福祉の費用を賄おうとしたのである。この「帝国特恵関税」政策は、イギリスの重工業企業家に支持されたが、一般的な自由貿易体制を支持する金融業者からの強い反発を招いた。

イギリスの金融界では、一八八〇年代から一九一〇年頃までに銀行の集中・合併が進み、バークリー銀行、ロイズ銀行、ミドランド銀行、ウェストミンスター銀行、ナショナル・プロヴィンシャル銀行から成る五大銀行体制が成立した。これらの巨大銀行は業務の力点を、地域に根ざした銀行業務の推進から、国内で集めた豊富な資金を海外投資に向けることに移していった。また、ロスチャイルドなどのマーチャント・バンカーは、海外投資の仲介者としての役割を果たした。さらに地主階級も、地代収入よりは証券利子収入に依存するようになって金融業者と手を組んだ。そして一般大衆は、一般的な自由貿易体制の下で安価な食料品が諸外国から流入する現状の維持を好んだ。したがって「チェンバレン・キャンペーン」は実を結ばず、逆に統一党内部に分裂を生じさせた。

その結果、一九〇六年の総選挙では、自由党が地滑り的な大勝利を収め、キャンベル＝バナマン内閣が成立した。この内閣は「労働争議法」「学校給食法」「海運法」を成立させた。次いで一九〇八年に成立したアスキス内閣は「ニュー・リベラリズム」の政策を打ち出した。

「ニュー・リベラリズム」

二〇世紀初めの自由党の「ニュー・リベラリズム」は、二〇世紀末に登場した「ネオ・リベラリズム」とはまったく異なるものである。イギリスで一九七九年に発足した保守党のサッチャー政権は自らの政策を「ネオ・リベラリズム」と呼んだ。これは公営企業の民営化、金融業の規制緩和（ビッグバン）、労働組合の無力化、高等教育の拡充など、要するに経済のあらゆる分野に競争原理を広げて民間の活力を引き出し、企業の競争力を強化してイギリス経済の復活をはかろうとするものであった。しかし、二〇世紀初めの「ニュー・リベラリズム」は、従来の自由競争原理を前提としながら、それが必然的に生み出してしまう経済格差を、政府の介入によって是正していくという「介入的自由主義」の考え方であった。

首相アスキスは大蔵大臣のロイド＝ジョージや商務大臣のウィンストン・チャーチルに支えられながら、成立当初から社会福祉を推進する法律を次々に成立させていった。アスキス政権は一九〇八年に「炭鉱夫八時間労働日法」と「老齢年金法」を成立させた。後者は七〇歳以上で週一二シリング以下の収入の老人に年金を支給するものであった。ついで一九〇九年には「職業紹介所設置法」を成立させた。そして一九一一年には「国民保険法」が成立して、社会福祉は大幅に前進した。「国民保険法」は「健康保険法」と「失業保険法」の二つから成る。これはドイツの社会保険制度を参考にして構想されたが、それとは非常に違った特徴を持っていた。イギリスの場合にはドイツと違って、すでに企業福祉がある程度実施されていた。また、労働者による互助組織である労働組合や友愛組合は保険制度を運用していた。そこで政府は、ドイツのように福祉事業を国家が全体的に施行するのではなく、民間の互助的な福祉組織を「認可組合」と認定してその機能を生かしたのである。かくて、この時期の健康保険と失業保険は、使用者と認可組合と労働者の三者による拠出金の積み立てを基にして、充全に運営されることになった。

他方でイギリス政府は、ドイツ帝国のヴィルヘルム二世の積極的な対外進出と軍備拡張に対抗して軍備、特に海軍を増強しなければならなかった。増大する軍事費と社会福祉の費用を、蔵相ロイド＝ジョージは地主階級の剰余利得を削り取ることによって賄おうとした。一九〇九年四月に彼が庶民院に提出した予算案は、その特徴から「人民予算」と呼ばれる。「人民予算」は三つの課税提案から成っていた。第一に所得税の水準を引き上げるとともに、累進性を強化する。第二に相続税を倍増して累進性を強化する。第三に土地課税の提案。土地課税提案は、土地の将来の自然価値増大分への課税、土地復帰税、空間地税、採鉱権税からなり、要するに地主の過剰利得に対する税の新設であった。この人民予算は庶民院を通過したが、貴族院において大差で否決された。そこでアスキスは総選挙を実施して国民の信を問うとともに、新たに即位した国王ジョージ五世から、貴族院が庶民院の決議を否決した場合に新貴族を創出する権限を獲得した。これが貴族院への脅しとしての効果を発揮して「人民予算」は一九一〇年四月に成立し、さらに貴族院の権限を制限する「議会法」も一九一一年二月に成立した。

これは「ニュー・リベラリズム」を標榜する自由党の勝利であり、その結果、地主による土地売却が一挙に加速する。以後、地主階級は土地よりも証券投資の利子収入に依存するようになる。こうして「土地問題」は消滅していった。

キャドバリー社とラウントリー社の興隆期の時代背景は、以上のようなものであった。

2　キャドバリー社の成立と発展

組合企業から法人企業への発展

キャドバリー家の先祖はイングランド西南部で代々牧羊業を営み、一七世紀後半に友会（クエイカー派）に加わっていた。一八世紀末にはその子孫のリチャード・タッパー・キャドバリーがバーミンガムに移り住んで、毛織物商を始めた。その三男ジョンはリーズでの徒弟修業の後、一八二四年からバーミンガムで紅茶商を始め、一八三〇年代にクルックト・レインで四階建ての建物を賃借し、蒸気機関を設置してココアを製造販売した。次に工場はブリッジ・ストリートに移転された。ジョンの事業は繁盛したが、ジョンの妻キャンディアが一八五五年に病死し、ジョン自身もリウマチ熱の大病を患った。そのためにジョンは事業意欲を失い、事業は赤字続きで衰退していった。

一八六一年にジョンは、その次男リチャードと三男ジョージに事業を譲渡して引退した。キャドバリー家の家系略図［図3］を参照されたい。二人はパートナーシップを組んで、組合企業キャドバリー兄弟社を設立した。兄弟は「禁欲的職業倫理」を実践した。粗食に耐え、朝から晩まで働き通し、さまざまな新製品を開発してみたが、業績は一向に好転しなかった。兄弟は数千ポンドの遺産を亡き母から得ていたが、それも急速に目減りしていった。しかし一八六〇年代中頃にジョージがオランダに渡ってファン・ハウテンのココア圧搾機を買い取ることに成功する。デボラ・キャドバリーによれ

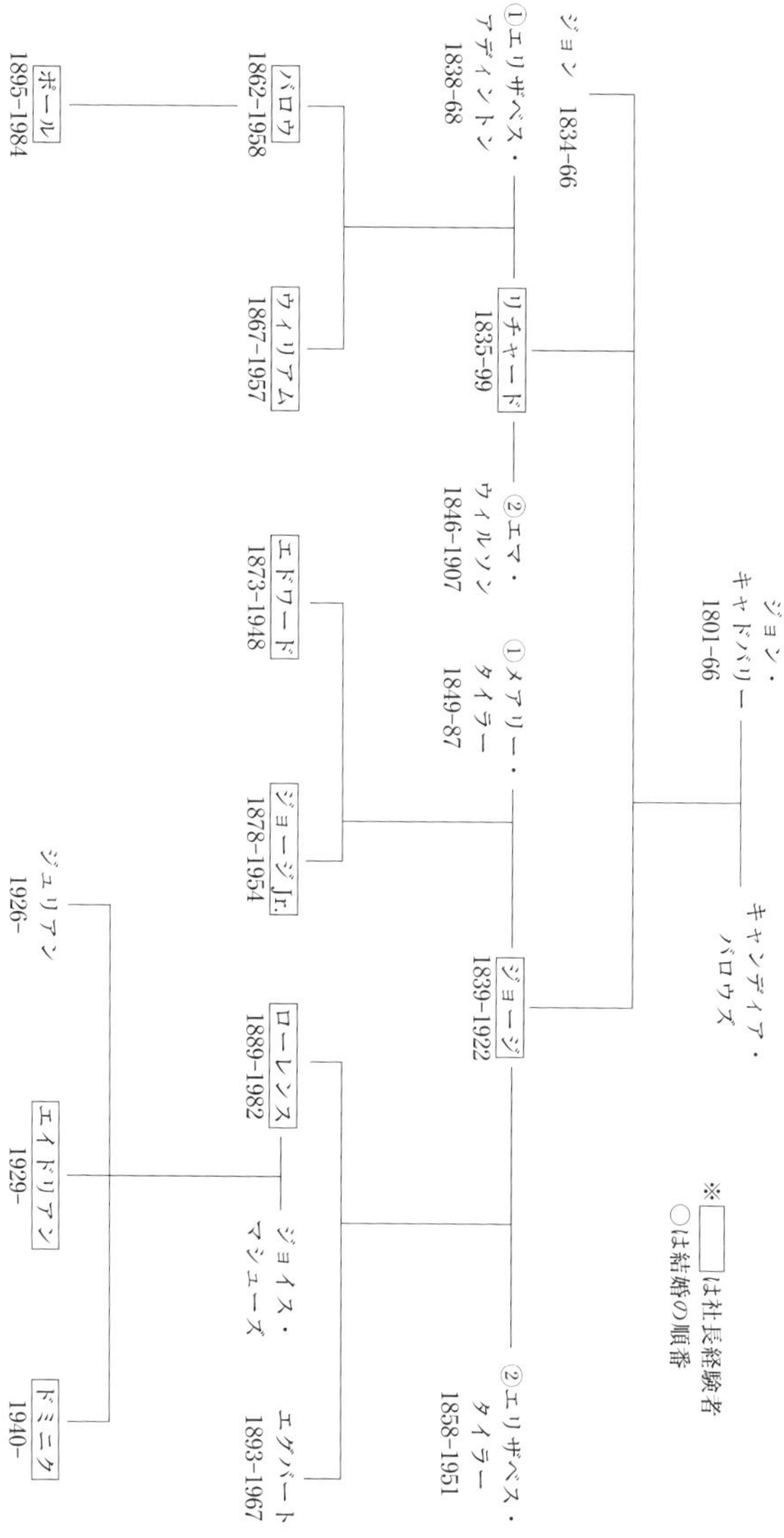

［図 3］キャドバリー家家系略図　〔出典：Cadbury, D., 2010 より作成〕

［図4］ジョージ・キャドバリー
〔出典：Windsor, D. B., 1980〕

ば、買い取り価格は一〇〇〇ポンドに上ったという。ちょうどその頃、イギリスでは食品添加物に対する世間の関心が高まり、一八六〇年には「イギリス食品医療品法」が、一八七二年には「食品添加物法」が成立施行されたので、ファン・ハウテンの圧搾機によって製造される、澱粉添加物のない純粋ココアには巨大な商機が生まれていた。

キャドバリー兄弟がこの純粋ココアを「ココア・エッセンス」と名付けてロンドンの高名な医者の所に持ち込んで検査してもらったところ、この製品が医学会誌で良質の健康食品として推奨された。これに励まされて、リチャードは「絶対に純正、だから最高」というキャッチ・フレーズの広告を新聞、ポスター、乗合馬車で大々的に展開した。他方ジョージは「ココア・エッセンス」を大量生産するためにカカオ圧搾機に合わせて製造工程を合理化して流れ作業方式を完成させた。キャドバリー社はさらに一八七〇年代に、アイルランド、南米のチリ、そしてフランスで、代理店を通して海外での販売を開始した。同社の売上高はその後急増し、一八六一年に二〇人程度だった従業員数は、一八七九年には約二三〇人に増加した。生活にゆとりができて来たのでリチャードは一八七一年にエマ・ウィルソンと再婚し、ジョージはその翌年にメアリー・タイラーと結婚した。また、地元の成人学校でボランティアの読み書きの教師を務めた。一八七八年にはリチャードの長男バロウが成人教育活動に参加するが、これはバロウの生涯の仕事となった。彼はチョコレート企業経営と並行して、国際的な成人教育組織で活動を続けた。

工場が手狭になってきたので、キャドバリー兄弟は一八七八年にバーミンガム郊外南西に位置するボーンブルックに一四・五エーカーの土地を取得して、翌年から工場移転を開始した。現代的工場設備と良好な労働環境を確保することが主たる目的であり、製品の品目数が削減されて生産ラインが合理化され、労働者のためのリクリエーション施設が整備されていった。工場名はあえてフランス語風にボーンヴィルと改名され、周辺の土地が会社の拡張によって買い増しされていった。キャドバリー社の売り上げは急速に増加し、従業員数も一八八〇年に約三〇〇人、一八八九年に一二〇〇人、一八九九年には二六八五人に増加した。第一次世界大戦期まで、従業員の過半数は未婚の女性従業員であった。この間にリチャードの長男バロウが一八八二年に、次男ウィリアムが一八八七年に、ジョージの長男エドワードが一八九三年に、次男ジョージ・ジュニアが一八九七年に経営陣に参加した。

ところでリチャードは一八九九年にエジプトを観光旅行中にジフテリアに罹って急逝した。ジョージは生前の兄との約束に基づいて会社を非公募有限責任会社（いわゆる私会社）の法人組織に改組した。資本金は九五万ポンドであり、そのうちの半分が六％確定利子つき優先株、残りの半分が普通株であり、後者はキャドバリー一族によって独占された。優先株には株主総会での議決権が与えられないので、新しい法人組織の経営権はキャドバリー一族によって独占された。つまり、その実態は同族企業なのであった。ジョージが社長であり、バロウ、ウィリアム、エドワード、ジョージ・ジュニアの四名の取締役の権限が明確化された。

バロウは財務と技術導入を管轄し、タイプライターなどの事務用品の機械化や電話の導入などを行った。ウィリアムは工学系の仕事を得意としていたが、原料購入と製品販売を管轄することになった。一九〇六年に彼は販売委員会を設立したが、これは同社内で初めての部門横断的な組織であった。エドワードは海外事業と女性従業員の労務管理を管轄した。一九〇三年には製品販売価格の設定の責任者になり、一九〇五年には費用部を設立し、一九一三年には計画部を設置した。キャドバリー社の企業福祉を推進したのはエドワードであった。『クエイカー実業家人名事典』を編纂したミリガンは、エドワード・キャドバリーが極めて有能な実業家であり、法人化以後のキャドバリー社の牽引車であった、と評価している。ジョージ・ジュニアは技術科学分野を管轄した。彼はルイス・バロウを部長とする工学部を創設し、一九〇一年には化学実験室を設置した。キャドバリー社の新しい主力製品はここで生み出された。

同社にはすでに総務部と輸出部が存在していたが、会社組織の変更に伴い、工学部、財務部、広告部、経営工学部、広報部などの新しい部局が設置された。また取締役会に対して責任を負う、部門間横断的な幾つかの経営委員会が設立された。購買委員会、販売委員会、実験委員会、提案委員会などである。さらに一九〇四年には（課長クラスの）専門的経営者二七名が選定された。また一九〇五年には提案委員会から発展した男性工場委員会と女性工場委員会が生まれた。

一九世紀末には外国製の良質なココア・チョコレート製品（特にノァン・ハウテン社製のアルカリ処理ココアと、スイス製のミルクチョコレート）がイギリス市場の約半分を占めていた。キャドバリー社ではジョージ・ジュニアと彼のチームが製品開発に専心した。

まずスイス製のミルクチョコレートに対抗して、イギリス人の好みに合う製品を苦心の末に開発し、「デアリー・ミルク」チョコレートと命名して一九〇五年六月に発売した。デアリー・ミルクはイギリス人の圧倒的な支持を得て、キャドバリー社の主力商品となった。需要の急増に対処するために、一九一一年に中部酪農地帯のナイトンにミルク濃縮工場が新設され、一九一五年には二番目のミルク濃縮工場が西部のフラムトン・アポン・エイヴォンに建設された。

また、ファン・ハウテン社のアルカリ処理ココアに対抗するために、ジョージ・ジュニアと彼のチームは、自前でアルカリ処理ココアを開発して「ボーンヴィル・ココア」と命名し、一九〇六年のクリスマスの前に発売した。これもイギリス人の好みに合って、よく売れた。まもなく「ボーンヴィル・ココア」が売り上げにおいて「ココア・エッセンス」を凌駕するのである。一九一二年二月には増資が行われた。六％利子つきの額面一ポンドの優先株（議決権なし）が二〇万株発行された。

キャドバリー社の製品の海外需要が着実に拡大するようになったのは、同社が海外に代理人を派遣するようになってからである。まず一八八一年にオーストラリアに代理人が派遣されて市場を開拓した。次いで一八九三年には南アフリカに、一八九五年にはインドに代理人が派遣された。キャドバリー社に輸出部門が設置され、シドニーに営業所が設置された一八八八年から大戦前の一九一三年までに、ボーンヴィルからの海外輸出量は約二〇倍に増加し、一九一〇年頃にはキャドバリー社の海外輸出額は製品の全売上高の約四割に達した。

キャドバリー社の企業内福祉

キャドバリー社の工場がブリッジ・ストリートにあった時期には従業員数は少なく、リチャードとジョージの兄弟は従業員と朝の共同礼拝をし、家庭訪問をするなど、所有経営者と従業員の関係は大変親密であった。しかし工場がボーンヴィルに移り、キャドバリー社の生産額が増大すると、その従業員数も増大して一九一四年には約六八〇〇人に達し、親密な労使関係を維持するのは困難になった。キャドバリー社は一八九九年の法人化を契機に、従来の家父長主義的な温情によるアド・ホックな福利給付を廃止して、労務・人事管理の一環としての体系的な企業福祉の体制を形成していく。体系的な企業福祉は、早期における工場委員会の形成や若年労働者の教育体制の構築と一体となって、キャドバリー社における内部労働市場の形成の基礎となった。

従業員の教育については、キャドバリー社は一九〇六年に少年少女の採用条件として週二回の夜学学習を義務づけた。以後この制度は拡充されていった。一九一一年には社内に工場教育部が設置され、従業員全体に対する職業教育の体制が整備されていった。職業教育の内容は部局ごとに異なっていた。例えば、事務職員については簿記と速記の教育が中心であった。リクリエーション施設については、工場がボーンヴィルに移転した後に、運動場、体育館、女子従業員用温水プールなどが整備され、青年クラブ、体育クラブ、音楽団、演劇団などが組織された。

キャドバリー社の法人化の後の一九〇二年に「提案計画」が発足した。これは会社事業と労働者の利益に資する提案を従業員から吸い上げる趣旨でつくられ、提案の採用は提案委員会において検討

［図 5］ボーンヴィル工場内の作業風景（1890 年頃）〔出典：Windsor, D. B., 1980〕

された。発足から一九二九年までに男女従業員から寄せられた提案は約一四万件に上り、そのうちの約六〇〇〇件が採用された。提案の中には従業員の労働条件や職場改善に関するものが多かったので、キャドバリー社は一九〇五年に、労使双方の代表者から構成される男子工場委員会と女子工場委員会を新設した。これらの工場委員会 Works Committee の議題からは、会社の経営方針に関する事柄と、労働組合と会社間で協議決定されるべき事項は除外された。工場委員会は二週間ごとに開催され、取締役が出席し、会社の事業活動の情報開示、工場の管理、工場内福祉事業そして工場内で労働者が利用する設備の改善などが主要な議題となった。

「規律」については、遅刻や原料の着服などが一般的にみられる規律違反であった。当初はキャドバリー社でも、他社と同じように、規律違反者に対しては罰金、優秀な規律遵守者には報奨金を与えていた。しかし同社では、この慣行を一八九八年に廃止して、小法廷 tribunal 制が導入された。規律違反はカードに記録される。規律違反者は一定期間ごとに審査されて、自己弁護の機会が与えられる。違反が確定すれば、通常は一回の違反では戒告、二回以上の違反では一時停職、悪質な違反では解雇もあり得た。判決が出た時点でカードは廃棄され、処罰についての記録も二年後には廃棄された。これは従業員の人格を保護するためであった。このシステムが導入されてから、規律違反は激減した。なお、一九一八年に工場協議会 Works Council 制が導入されると、規律の維持は工場協議会の課題となった。

労働者に対する財政的支援のために、キャドバリー社はさまざまな社内基金を設立した。「自由党改革」によって無拠出制の国民老齢年金制度が一九〇六年に開始されると、キャドバリー社はこれを補うために拠出制の男性老齢年金基金を設立し、従業員の拠出額の同額を会社が拠出した。同社は一九二二年これに七万五〇〇〇ポンドを寄付し、後にもたびたび追加の寄付を行った。一九一一年に設立された女性貯蓄年金基金は一五歳から四三歳までの女性従業員が加入できたが、結婚資金の積み立てが眼目であった。彼女らは結婚退職時に自らの貯蓄額に年五％複利の利息を加えた金額を受領できた。会社はこの基金にも約五万ポンドの寄付を行った。キャドバリー社は一九〇三年に無拠出制の疾病保険制度を設立したが、一九一一年に国民健康保険制度が開始されると、これを補完するものとして一九一九年に任意制の疾病給付制度を設立し、会社側が従業員と同額の拠出を行った。同社は、その他にもさまざまな基金を設立して、従業員の生活の安定を図った。

エドワード・キャドバリーの苦汗労働研究と企業福祉論

キャドバリー社の企業内福祉は、当時のイギリスにおいては、最も先進的なものの一つであった。それらの内容は取締役会の承認を経て決定されたのだから、これはキャドバリー一族の総意を反映するものだった。私たちはその基礎にある思想の全体をエドワード・キャドバリーの諸著作から知ることができる。

キャドバリー社が一八九九年に法人化されると、エドワードは二六歳で取締役のうちの一人になり、実質的にキャドバリー社を牽引していくが、彼は社外においてもいろいろな社会改革運動で活躍していた。父ジョージが「苦汗労働反対同盟」を組織して、その会長に就任すると、同盟の大義のために奮闘した。そして一九〇七年には『苦汗労働』を著して国内におけるその実態を紹介し、最低賃金を国が定める必要性を説いた。また、父およびチャールズ・ブースと共に「老齢年金国民同盟」を組織した。さらには、キャドバリー社での女性従業員労務管理の経験を踏まえて、他の二名との共著で『女性労働と賃金――ある産業都市における生活の一面』（初版一九〇六年）を著した。さらに、一九〇九年頃からキャドバリー社が労働組合と正式に交渉し始めると、交渉を通して労使間の協調を勝ち取ることの重要性を知った。このような経験を踏まえて書かれたエドワード・キャドバリー『産業組織における実験』（一九一二年）は、経営思想史家チャイルドによれば、イギリスにおける「新しい労務管理方法についての最初にして最も注目すべき体系的著書の一つ」であった。

『女性労働と賃金』は経済学者であるM・C・マセソンおよび社会活動家G・シャンと共同でエド

ワードが三年半にわたって実施した社会調査の報告書である。彼らはバーミンガムのさまざまな業種の工場で働く女性労働者六〇〇〇名以上、労働組合書記、経営管理者、現場監督など四〇〇名、彼女たちの使用者、さらには彼女たちの関係者（友愛組合の会員、聖職者、社会活動家など）への聞き取り調査を実施した。そして、彼女たちの賃金、労働時間、工場内の労働、労働組合への関わり、生活実態などを項目別に集計して見せた。その実態はまことに悲惨であった。ほとんどが「非正規雇用者」であり、週払いの低賃金で単調な長時間労働に従事していた。彼女たちに身寄りがなく、あるいは結婚しても夫が失業し、病弱で、あるいは飲んだくれの場合には、賃金収入だけでは生活できない状況に置かれていたのである。

この状況をいかに改善するべきなのか。著者たちは第一に、女性が男性と同一の立場で参加できる労働組合に加入している場合には、労働組合が頼りになるという。しかし、それは全体の一部分であって、大部分の女性は苦汗労働に従事しており、彼女らは労働組合の活動によっても救われない。著者たちが第二に期待するのは、政府が法律でもって苦汗労働の業種ごとに最低賃金を定める「ナショナル・ミニマム」の企画である。これが実施されれば、非効率的な経営を行う企業は淘汰されるだろう。これは痛みを伴う改革であるが、イギリス経済全体の将来にとって好ましい。実際一九〇六年に自由党政府は、内務大臣のもとに賃金局 Wages Boards を設置し、現場で工場監督官がその実施を監視する、という法案を国会に上程していた。しかし著者たちは、これも「一時しのぎにすぎない」という。賃金カットをせざるを得ない最近の状況でも、ほとんどの私企業が一〇％程度の配当を続けている状況に鑑みれば、将来的には産業は「集産的 collectively」に経営されるようになるべきだ、と著者たちは言う。この第三案は、完全に社会主義的であって、私企業の取締役だったエドワード・キャドバリーがこの案を本気で支持したとは思えない。しかし、彼が社会主義者の理論や思想を理解していたことは、ここから明らかとなる。なお、上記の「賃金局法案」は、一九一〇年にようやく国会を通過した。

次に『産業組織における実験』（一九一二年）はエドワードの単著であり、キャドバリー社の労務管理の実践を詳しく紹介したものである。その序文でエドワードは「事業の効率と従業員の福祉はコインの表と裏である」という。つまり、事業の効率は使用者に対する従業員の一般的な態度や感覚に依拠するのだという。そして、企業の組織における計画が成功するか否かの試金石として挙げるのは、「労働者たちが労働者階級とその組織への忠誠心をまったく損なうことなく、どの程度、使用者に対する協力と善意の雰囲気と精神を生み出すか」である、という。キャドバリー社は、その意味で大変成功した例であるが、そのためには次のような諸点が必須であった。採用する従業員の注意深い選別、従業員のための教育計画、よく練られた昇進方法、正当な規律、労働者の能力や独創性の組織化を発展させる機会の提供などである。

『産業組織における実験』の大部分のページは、このような論点を詳細に紹介することに割かれている。一九一二年においては、従業員の募集はバーミンガムの職業紹介所を通して行われた。一四歳以上の少年・少女の新規学卒者の一括採用が原則であった。この頃にはキャドバリー社は巨大企業になっており、その労働条件や福利厚生は地元ではずばぬけて良好だったから、毎年六〇〇ないし七〇〇名が応募してきた。採用募集人員は年によって異なるが、競争倍率はおそらく一〇倍前後だったであろう。採用審査は非常に念入りなものだった。小学校ないし中学校での学業成績、性格の分析と判断、産業医による身体検査・健康診断が行われ、最後に取締役が最終候補者と面談して、新規採用者の配属部署を決定する。採用された新規従業員は基本的に永年雇用であり（ただし女性の多くは結婚すると退職した）、一八歳まで社内の教育課程を受講する義務を負うが、それは昇進の条件でもある。彼ら・彼女らは社内の規律を遵守して労働するとともに、前述のような充実した企業内福祉を享受した。労働者に対する福利厚生や教育や昇進システムが充実し、自分たちの努力が正当に評価されていることを労働者が理解すれば、会社に対する労働者の善意が引き出される。これに加えて、原料の在庫管理が適切に行われれば、事業の効率は確実に上昇する、とエドワードは説く。

ところでエドワード・キャドバリーは、社内教育を含めた企業内福祉の本当の目的は、自社の若年労働者が知性と主体性を獲得し、社会的な思いやり social sympathy と道徳的性格を身に付けて立派な市民になるように導くことにある、という。実際キャドバリー社では、役員だけでなく経営管理者たちや現場監督たちも、従業員への福祉の活動を楽しみとしてだけではなく、義務として遂行している。このような精神なしに、企業内福祉を会社の宣伝のために利用し、あるいは単に他社の真似で行う場合には、従業員たちはその空虚さにすぐに気づくので、使用者側は労働者の共感や協力を得ることができない、という。

国家による福祉は、一八〇二年の工場法を嚆矢として時を追って充実してきた。しかしエドワードによれば、国家による福祉は最低限の必要を満たすものにすぎない。とくに重要な焦眉の課題は、公的な職業教育の充実である。現在一部の先進的企業がこれを社内で実施しているが、なるべく早く地方行政当局がその実施に向けて動き出すべきである。

エドワード・キャドバリーの企業福祉論について最後に注目したいのは、アメリカ合衆国のフレデリック・W・テイラーの「科学的管理法」に対する彼の批判である。テイラーの主著『科学的管理の諸原則』は一九一一年に公刊されたが、エドワードは一九一四年に『社会学評論』*Sociological Review* に掲載された論文の中で、これを批判した。テイラーは、生産性向上のために一流の熟練工の動作を研究・解析してこれをマニュアル化し、一般の労働者を訓練して、一定時間内にこれと同等の作業をさせようとした。そのために、一般労働者に監督者をつけて、課業達成を基準として褒賞と懲罰を与えるシステムを導入した。これが「テイラー・システム」の要点である。

エドワード・キャドバリーにとっても、生産性向上のために工場内で効率的な作業が行われるべきだ、ということについて異論はない。しかし、効率的な作業のために労働者を機械の動きに適応させる、という思想を彼は批判した。労働者は人格をもった人間として尊敬されるべきである。そしてまたエドワードは、従業員を労働組合から引き離そうとするテイラーの思想を批判する。エドワードによれば、労働の作業の効率は、使用者側に協力しようとする労働者の意志によって達成される。協力の意志が存在するならば、彼らは自ら能力の向上のために努力し、規律を遵守して作業を遂行するようになるのだ。この労使協調の精神が、キャドバリー社のような企業内福祉の充実した企業には満ち溢れていたのである。

ボーンヴィル村落信託財団と新聞社経営

ジョージ・キャドバリーは、一八九九年にキャドバリー社を法人企業に転換すると、経営を子供たちの世代に任せて、社外での福祉的な事業の推進に邁進した。彼は一八九三年以後、私財をはたいて工場近辺の土地を買収した。こうして買い集めた約三三〇エーカーの土地と、そこに建てられた三一三棟の家屋、合計で時価一七万ポンド以上を、ジョージ・キャドバリーは、一九〇〇年一二月に自ら設立したボーンヴィル村落信託財団に譲渡した。ボーンヴィル村落信託財団の当初の管財人はジョージとその妻エリザベス、その子エドワードとジョージ・ジュニアの四名であった。不動産譲渡証書には財団設立の目的が記されていた。それは、「庭と広場といろいろな設備を備えた改善された住宅を提供することによって、バーミンガム周辺とイギリスの他の場所の勤労大衆の生活条件を改良すること」であった。

したがって、この企画はイギリスによく見られる工場村とは異質のものである。イギリスではロバート・オウエンのニュー・ラナーク以来、多くの工場村が建設されてきた。それらの中では、ブラッドフォード近郊に毛織物製造業者タイタス・ソルトが建設したソルテア、ハリファックス近郊に毛織物製造業者エドワード・アクロイドが建設したアクロイデン、そしてボーンヴィルとほぼ同時期にリヴァプール近郊に石鹸製造業者ウィリアム・リーバが建設したポート・サンライトが有名である。それらは良好な住環境の下で従業員たちが快適に暮らすための工場村であった。しかし、ボーンヴィルの入居条件は、それらとは違って、設立者が経営する企業の従業員に限定されず、一般大衆に開放されていた。したがって、この一点を採ってみても、ジョージ・キャドバリーを単なる家父長主義的企業家と見做すのが間違いであることがわかる。

ボーンヴィル村落建設には、ジョージ・キャドバリーの社会改良家としての側面が現れている。実際、彼はジョン・ラスキンの思想に触発されて、この設立を決意したのである。ボーンヴィル村落は、むしろ、エベネザー・ハワードの構想を基に一九〇三年から建設されるレッチワース田園都市に繋がるものであった。ただし、ハワードの田園都市が、住宅地区と商業地区と工業地区を抱えた自給自足的な一つの完結した共同社会として構想されたのに対して、ボーンヴィルは基本的に「緑豊かな住宅団地」に留まった。その意味ではボーンヴィル村落は、「田園都市」よりはむしろ、「田園郊外」と同じ性格のものになった。「田園郊外」はヘンリエッタ・バーネットらを中心に一九〇六年からロンドンのハムステッドで、一九〇九年からブリストルで、そして一九一一年からはマンチェスターで建設が始まった。そして、一九一四年までには全国で五二の「田園郊外」が建設されたのである。

ところで、ボーア戦争が始まってまもなく、ロイド＝ジョージが戦争反対のキャンペーンのためにシンジケートを作って『デイリー・メイル』紙を買収する計画をジョージ・キャドバリーに持ちかけた。同紙は小説家チャールズ・ディケンズが一八四六年に発刊した日刊紙であるが、この時期には経営が行き詰まっていたのだ。ジョージはしばらく考えた後に、政治に首を突っ込みたくないとの思いで、この提案を断った。しかし一九〇〇年にエミリー・ホブハウスが南アフリカにおける強制収容所でのボーア人に対する非人道的な処遇を告発すると、ジョージ・キャドバリーは義憤に駆られてロイド＝ジョージの再度の要請を受け、四〇万ポンドを出資して同紙の単一の所有者となった。そし

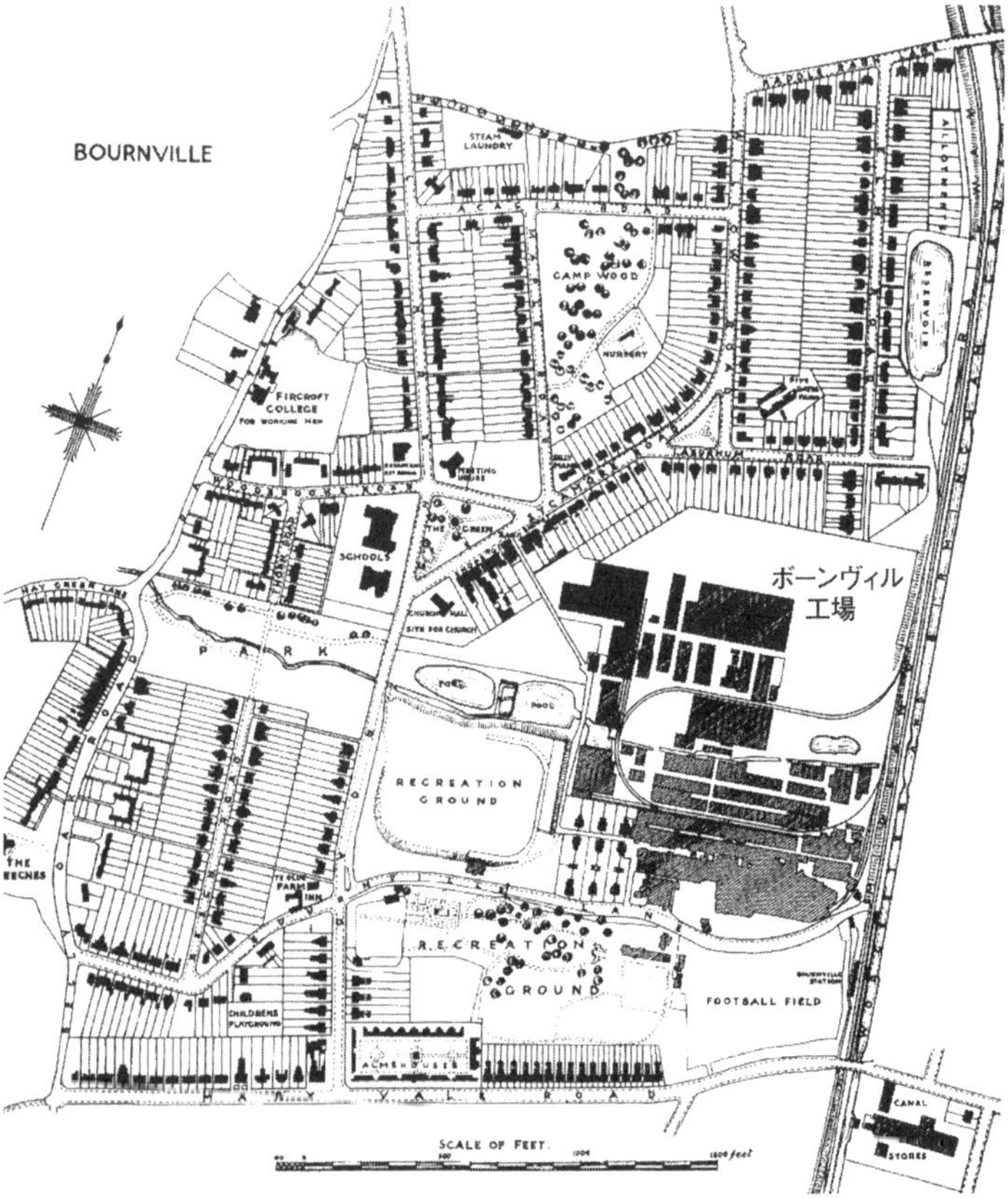

[図 6] ボーンヴィルの全体図（1914 年）〔出典：Henslowe, P., 1984, p.ii〕

て「ニュー・リベラリズム」的なキャンペーンを展開した。ボーア戦争に反対するばかりでなく、南アフリカの鉱山における中国人労働者（苦力《クーリー》）の実態を告発し、イギリス国内の苦汗労働の実態を告発し、また、失業保険と老齢年金の実現のためにキャンペーンを展開した。

さらにのちのことであるが、一九〇八年に『モーニング・リーダー』紙と『スター』紙が売りに出された時に、ジョージ・キャドバリーはジョーゼフ・ラウントリーに共同での両紙買収を持ちかけた。両紙は自由党系の日刊紙であり、合計の発行部数は五〇万部であった。ジョージ・キャドバリーはこれが保守党系の新聞になることを嫌ったのである。ジョーゼフ・ラウントリーの甥のアーノルドが、すでに『ノーザン・エコー』紙と『ネイション』紙を手掛けていたので、話はすぐにまとまった。しかし、『モーニング・リーダー』紙と『スター』紙は競馬の予想記事を載せていたので、この点を法廷弁護士として活躍していたサー・エドワード・フライが非難した。サー・エドワード・フライはジョーゼフ・ストールズ・フライ二世の弟であり、友会を脱会した人物であるが、友会徒がギャンブルや深酒を悪徳として非難していることを知っていた。だから彼は、ジョージ・キャドバリーとジョーゼフ・ラウントリーを「偽善者」として非難したのである。ジョージ・キャドバリーは両紙の競馬予想記事の掲載を取りやめたが、その結果両紙の売り上げは一挙に下落した。『デイリー・メイル』紙も赤字続きだったので、ジョージは新聞経営から手を引くために一九一一年に「デイリー・メイル・トラスト」を設立して、新聞経営をその方面の専門家に任せた。

カカオ農園の奴隷制

キャドバリー社でチョコレートの原料であるカカオ豆の購買を担当していたウィリアム・キャドバリーは一九〇一年に、中部アフリカのサントメ・プリンシペ両島で奴隷制に基づくカカオ栽培が行われている、との噂を耳にした。両島は二〇世紀初めには、世界有数のカカオ豆の産地になっており、キャドバリー社はロンドンの商社を通して、両島からもカカオ豆を購入していた。しかし、友会（クエイカー派）はイギリスで常に奴隷制反対運動の先頭に立ってきたのであり、一八三〇年代にはイギリス帝国の全域で奴隷制が廃止されていた。したがって、イギリス人である友会徒の経営する企業が奴隷制に基づく農園で栽培されたカカオ豆を利用していることが事実ならば、これはとんでもないスキャンダルになり得たのである。

そこでウィリアムは早速調査を開始した。まず一九〇三年に彼はポルトガルを訪れて、ポルトガル政府の植民地大臣とカカオ農園の地主たちに面会したが、彼らは現地における奴隷制の存在を否定した。しかし疑惑は拭えないので、フライ社、ラウントリー社およびドイツのシュトールベルク社からの財政的協力を取り付けて、ジョーゼフ・バートをアフリカに派遣して徹底した調査を行わせた。それは一九〇五年六月のことであった。

赤道直下のギニア湾沖合約三〇〇キロの大西洋上に浮かぶサントメ・プリンシペ両島は熱帯雨林と山から成る島であって、両島合わせた面積は日本の佐渡島程度である。ポルトガル人が一四七〇年にサントメ島に渡来してこれを植民地とし、ここに黒人奴隷を移住させて砂糖黍の栽培を始めるとともに、両島を奴隷貿易の中継地とした。一八二二年にブラジルが独立すると、ポルトガル人は、同年中にカカオの苗木をプリンシペ島に運んで、奴隷を使用して大農園でカカオ栽培を始めた。一八七五年にはポルトガル本国政府によって青天の霹靂の如くに奴隷解放が行われ、解放奴隷による小規模カカオ生産が急増した。大農園主たちは奴隷に代えて、三年契約の年季奉公労働者をリベリアやナイジェリアから受け入れた。しかし本国政府は、カカオ需要の激増に対応するために奴隷制の復活が必要だという農場主たちの訴えに耳を傾けた。そして、終身年季奉公制という巧妙な形式を借りて一八八〇年から実質的な奴隷制を再開させたのである。

植民地政府当局は一八八〇年以後、巨額の資金を持つポルトガル人入植者たちに優先的に国有地を払い下げた。彼らが大農園（ラティフンディオス）を設立して経営したのである。一八八〇年代以後の実質的奴隷の大部分はポルトガル領植民地のアンゴラから送り込まれてきた。アンゴラの奥地で購入された奴隷たちは終身年季奉公労働契約書に署名させられ、委譲契約によってサントメ・プリンシペ両島で売られた。一八八〇年から一九〇八年までの間に、約七万人の実質的な奴隷がこのようにして輸入された。契約の期限が終わると、契約は自動的に更新された。また実質的奴隷の子供たちも、成人すると終身年季奉公労働契約に署名させられていたのである。

このような実態を外部から初めて明らかにしたのは、キャドバリー社によって派遣されたバートではなかった。アメリカ合衆国の『ハーパーズ』社に雇われたジャーナリスト、ヘンリー・ネヴィンソンがバートに先んじて調査を行い、上記のような実情を一九〇五年八月以後、『ハーパーズ・マンスリー・マガジン』に連載した。これを受けてイギリスでは、自国のチョコレート企業がサントメ・プリンシペ両島産のカカオ豆をボイコットするべきだ、という世論が沸き起こった。キャドバリー社は翌年にバートからの手紙によって、ネヴィンソンの報告が基本的に正しいことを確認した。バートは丹念な調査を行って一九〇七年に帰国し、報告書を作成した。その報告を受けてイギリスのチョコレート企業の経営者たちは、単に両島産のカカオ豆をボイコットするのではなく、両島の奴隷制を廃止させるべく外交手段を通して圧力を加える方針を申し合わせた。

ウィリアムはポルトガル植民地相と面談して両島での実質的奴隷制の廃止を求め、ジョージ・キャドバリーはイギリス外務省にポルトガル政府への圧力行使を求めた。しかし、事態はなかなか進展しなかった。そうこうするうちに、ジョージ・キャドバリーは一九〇八年九月に、保守党系の『スタンダード』紙から強烈な誹謗中傷を受けた。『スタンダード』紙は、「ジョージ・キャドバリーが両島の奴隷制の存在を知っていながら、両島産のカカオ豆のボイコットを躊躇している。それは、経営的な動機からである。したがって彼は奴隷制から利益を得ている偽善者だ」と非難した。両島産のカカオ豆を購入していたのは世界中のココア・チョコレート業者であり、キャドバリー社だけではなかった。『スタンダード』紙は保守党系の新聞社であったので、自由党系の新聞社を経営しているジョージ・キャドバリーを狙い撃ちしたのである。そこで、キャドバリー社は直ちに両島産のカカオの購入を停止して、黄金海岸（ガーナの沿岸地方）産のカカオ豆に切り替えた。この時期に新たなカカオ豆産地として興隆した黄金海岸では、ほとんどが現地黒人の自作農や借地農によってカカオが栽培されていた。そしてキャドバリー社は、『スタンダード』紙を名誉棄損の罪で裁判所に告訴した。裁判の結果、キャドバリー社が勝訴し、『スタンダード』紙は廃刊に追い込まれた。この事件の顛末はウィリアム・

キャドバリー著『ポルトガル領西アフリカにおける労働』（一九一〇年）に詳しい。

他方、ポルトガルでは一九一〇年にクーデターが起こり、国王は殺害され、共和国政府が成立した。政権を握った共和主義者たちは、サントメ・プリンシペ両島の実質的奴隷たちを故国アンゴラに送還した。農園主たちは短期の年季奉公移民労働者の再導入に踏み切った。今回は短期年季奉公労働者の多くはポルトガル植民地のモザンビークから調達された。その数は一九一五年までにモザンビークからだけでも約三万三〇〇〇人、全体としては約六万人に達した。しかし、カカオの木の寿命は短いので、両島のカカオ栽培前線は次第に島の奥地に侵入していった。そして第一次世界大戦頃には害虫アザミウマ thrips が大量発生し、農園に大きな被害を与えた。しかし、両島のカカオ経済は、アザミウマにとどめを刺される前にすでに崩壊する運命にあった。一九〇〇年から一九二〇年までに黄金海岸カカオ農園の大発展によってカカオの実質価格は三分の一に下がった。両島の農園主たちはこの価格競争に太刀打ちできなかったのである。

3　ジョーゼフ・ラウントリーの企業経営と社会福祉

ジョーゼフ・ラウントリーの経営理念

ヨークのラウントリー社は、製菓企業としても、ココア・チョコレート企業としても、フライ社やキャドバリー社に比べれば後発企業であった。同社は一八六二年にヘンリー・アイザック・ラウントリーが同地のテューク家からココア事業を買収した時に始まる。彼はその二年後にヨークのタナーズ・モートの工場を購入した。一八六九年にはヘンリー・アイザックの兄のジョーゼフがパートナーとして経営に参加したが、事業はうまく展開しなかった。デボラ・キャドバリーは、ジョーゼフ・ラウントリーがロンドンに出かけて、テイラー社の近くに間借りをし、新聞広告を使ってテイラー社の数人の菓子職人を引き抜いた事実を明らかにしている。新製品開発のためのジョーゼフの必死の努力は空回りし続けたが、一八八一年にラウントリー社を訪れたフランス人菓子商人クロード・ガジェが幸運をもたらした。彼が紹介したガムベースのドロップである「フルーツ・パスティーユ」はイギリスに類似品がなかったこともあり、着実に売上高を伸ばしてラウントリー社の主力製品となった。またラウントリー社はオランダ人の菓子職人コルネリウス・ホランダーを招いて一八八七年に「エレクト・ココア」という純正ココアの製造を開始した。これはエクアドル産のカカオ豆を使ったココアであり、ジョーゼフ・ラウントリーの自信作であったが、期待に反してあまり売れなかった。

一八八三年にはヘンリー・アイザックが死去した。ジョーゼフは一八八五年に長男ジョン・ウィルヘルム（一九〇五年に死去）を、八八年には次男シーボームを、九〇年代には三男スティーヴンスンと四男オスカー、さらには甥のフランク（フランシス）とアーノルドをパートナーとして経営陣に招き入れた。ジョーゼフは一八九〇年にヨーク市のはずれのハクスビー・ロードに二九エーカーの土地を購入して、九五年から新しい工場の建設を始めた。移転は一九一〇年に終了した。また一八九七年にラウントリー社は、法人化して非公募有限責任会社（いわゆる私会社）となった。公称資本金三〇万ポンド、発行資本額二二万六二〇〇ポンドであった。その翌年には二回目の株式発行が行われ

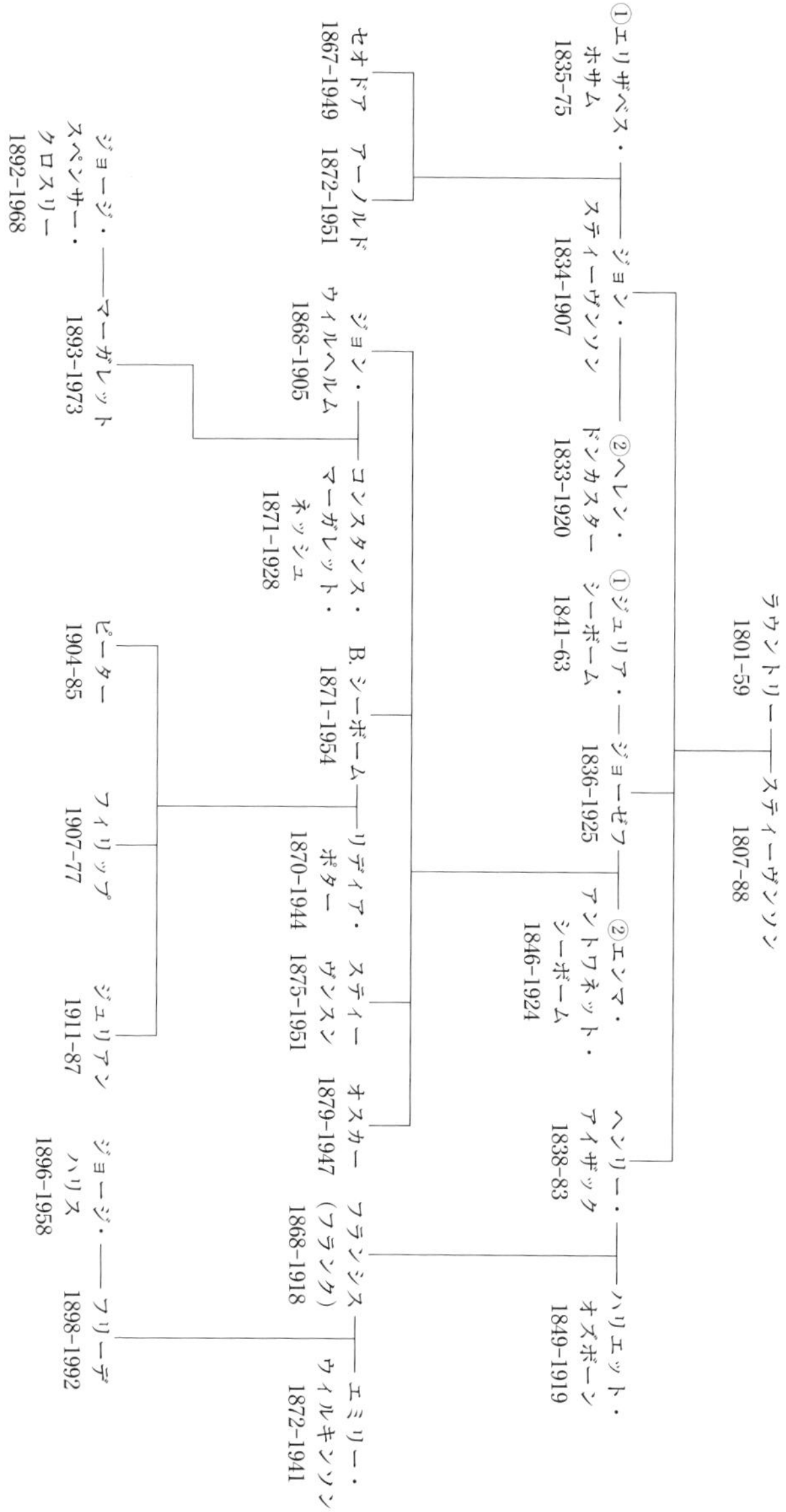

［図7］ラウントリー家家系略図　〔出典：Fitzgerald, R., 1995, p.70より作成〕

［図8］ジョーゼフ・ラウントリーと息子たち　左から：スティーヴンスン、シーボーム、ジョーゼフ、アーノルド（甥）、オスカー〔出典：Briggs, A., 1961〕

たが、全一万一五四八株のうち八一二〇株、つまり六四・七%をジョーゼフ個人が握っていた。こうして第一次世界大戦前後まで、社長であるジョーゼフが会社を支配し続けた。

　ラウントリー有限責任会社は初歩的な職能部門制組織を採用し、購買、財務、労務、販売という四つの部門を取締役が担当し、その下で数多くの専門経営者がその業務を支える体制をとって出発した。購買と財務を担当した取締役はラウントリー家と血の繋がりのないJ・B・モレルだった。彼はラウントリー社に多額の融資を行った銀行家の息子であった。労務担当取締役はシーボーム・ラウントリー、販売担当取締役は当初ジョン・ウィルヘルム・ラウントリーだったが、彼が体調を崩したのちはアーノルド・ラウントリーがその職務を引き継いだ。製品開発については一八九九年にシーボームによって社内に実験室が設置された。既存製品の質的向上を図るとともに、大衆向けの低価格商品も開発され、一九〇〇年には三三四もの製品が生産されて、全体としての販売額は増加したけれども、ヒット商品を生み出すことはできなかった。ラウントリー社はココアとチョコレートについて大衆の需要に対応できなかった。なぜイギリスでオランダ製のココアが売れ、フランス製やスイス製のチョコレートが売れるのかを真剣に研究したキャドバリー社と違って、ラウントリー社はアルカリ処理のココアとミルクチョコレートの重要性を理解しなかった。一九三〇年頃まで、ラウントリー社の成長を牽引した製品は「フルーツ・パスティーユ」であり、それまでのラウントリー社はココア・チョコレート企業というよりは、「ココアも作る製菓企業」だったのである。

一八七五年に「商標法」が成立して、商品のブランド化が進展した。このことが広告業の発展を促して、一八九〇年代以後のイギリスでは、信頼できる広告代理店が多数登場して広告業が確立した。キャドバリー社が広告を非常に有効に利用したのに対して、ラウントリー社の広告利用は非常に不適切であった。アーノルドの提言によってラウントリー社は一八九七年から「エレクト・ココア」の集中的広告を全国展開したが、一九〇〇年に不況が訪れると、ジョーゼフが広告宣伝費を大幅に削減させた。ジョーゼフの信念によれば、会社の将来を決めるのは製品の品質であり、広告は詐欺的な手段なのであった。しかし菓子のような嗜好品について、供給サイドのみを重視して、需要サイドの調査を疎かにすることは、特に大衆消費が浮揚した時代においては、不適切であった。そのことをジョーゼフは理解しなかった。

海外への製品輸出についても、リスクを冒すことを嫌うジョーゼフ・ラウントリーは非常に消極的だった。一九〇四年におけるラウントリー社の輸出額とその利潤は、同社の売上総額と利潤総額のそれぞれ三%と四%にすぎなかった。これに対して、前述のようにキャドバリー社の一九一〇年頃の輸出額はその総生産額の約四〇%だった。他方、原料輸入については、ラウントリー社は一八八〇年代にはカカオ豆の一部をロンドン市場で購入し、またリヴァプールの代理商を通して購入していた。ジョン・ウィルヘルム・ラウントリーは海外にカカオ農園を確保しようとして奔走し、一八九九年にジャマイカとトリニダードの農園を購入したが、農園経営は赤字を計上した。一九〇六年にサントメ島とプリンシペ島におけるカカオ農園の奴隷制が告発されると、キャドバリー社はフライ社およびラウントリー社と連携して事件に対処し、カカオ豆の新たな確保のために、一九一九年に黄金海岸のラゴスにカカオ豆輸入商社ラウントリー・キャドバリー・フライ有限会社を設立した。

ラウントリー社の企業内福祉

ラウントリー社は一九世紀末から、従業員に対する福祉政策を積極的に推進した。会社が法人化されたのちにシーボームが労務担当取締役に就任したが、彼は労務政策について父ジョーゼフと入念な検討を重ねて遂行した。ジョーゼフは、その基本理念を一九〇二年に社内報『ココア工場雑誌』の中で次のように記している。「ココア工場で雇用されている人々は、産業機械の単なる歯車とは見做されない。むしろ偉大な産業で働く仲間と見做される。（労働者への）サービスの条件は、最高で最も価値あるすべてのことがらにおける自己啓発のための各人の欲求を燃え立たせるものとなるだろう」。

［図 9］ラウントリー工場内での作業風景（1902 年）〔出典：Windsor, D. B., 1980〕

また本書末尾の年表を見れば明らかなとおり、キャドバリー社の労務政策はラウントリー社のそれとほぼ同時並行的に発展している。これは、ラウントリー社とキャドバリー社の間に、労務政策について緊密な情報交換があったことを推測させる。前述のように所有経営者の家族は同じ友会徒として、社会思想を共有していたのである。

ラウントリー社の従業員数は一八六二年に一二人、一八八〇年に約四〇〇人、一八九〇年に約九〇〇人、一八九九年に約一六〇〇人、一九〇四年に約三〇〇〇人と増加し、一九一三年には約五〇〇〇人に達した。ラウントリー社では、早くも一八九六年に八時間労働日が実施された。従業員の過半数は女性であった。一八九一年には初めて女性従業員を監督する女性監督者が任命され、一八九六年には女性従業員雇用部が設立されて、すべての女性従業員の採用を女性監督者が担当することになった。一九〇〇年には、少年工の雇用と福祉を担う管理職員が任命された。一九〇二年には提案計画が開始され、社内報が発刊された。一九〇四年には労働者の健康維持のために、常勤工場医と常勤歯科医が雇用された。一九〇六年にはジョーゼフ個人が一万ポンド、会社が九〇〇〇ポンドを寄付して、拠出制の企業年金計画が設立された。さらに一九一〇年には無拠出制の疾病給付計画が導入された（男性従業員の定年は満六五歳、女性従業員の定年は満五五歳とされた）。これらの企業給付計画の導入によって、従来のアド・ホックな「好意による給付」は廃止されていった。こうした労務政策の変更は、同社における家父長主義的労務管理の終わりを意味していた。

また若年従業員の教育については、ラウントリー社は一九〇七年に社内に家政学校を創設して、一七歳以下の女性従業員に週二時間の受講を義務づけた。一九〇八年には一七歳以下の男性従業員に、週三時間の夜間補習学校での勉学を義務づけ、若年労働者全体に体育授業の受講を義務づけた。重要なことは、このような企業福祉の推進が、内部労働市場の形成と表裏の関係にあった点である。当時の製菓企業の多くは、鉱山業や製鉄業と同じく、労働者の雇用と管理を下請け親方に任せたので、労働者に対する福祉には無頓着だった。ラウントリー社やキャドバリー社は、それらの企業とは異なり、管理職、技術スタッフや事務職員のみならず、生産現場の労働者をも現場教育（ＯＪＴ）と学校教育によって養成する内部労働市場を形成したのである。内部労働市場の形成は、基幹労働者を経営側が直接に把握することによって、労働効率を引き上げた。またそれは、利潤率の上昇を可能にさせた。

経営史家ロバート・フィッツジェラルドは、ジョーゼフ・ラウントリーの経営者としての特徴を次のようにまとめている。――ジョーゼフは会計士、組織者、管理者として優れており、従業員の忠誠心を確保する能力をもっていた。しかし彼は革新的企業家ではなく、本質的に模倣者であった。「エ

［図10］ラウントリー社のハクスビー・ロード工場　〔出典：Briggs, A., 1961〕

レクト・ココア」は「ココア・エッセンス」の模倣であり、「フルーツ・パスティーユ」はフランス製パスティーユの模倣であり、ハクスビー・ロード工場はボーンヴィル工場の模倣であった。ジョーゼフ・ラウントリーとジョージ・キャドバリーの顕著な違いは、製品開発、マーケティング、広告についての前者の保守的な姿勢であった。この保守的な姿勢は、ジョーゼフが社長を務めた一八九七年から一九二三年まで続き、一九二五年における彼の死後まで影響力を持ち続けた。

ジョーゼフ・ラウントリーの三つの財団

ジョーゼフ・ラウントリーは若いころから社会福祉事業を行っていた。二一歳で（一八五七年に）ヨークの成人学校で教壇に立ち、後にはヨークの精神病院 the Retreat の委員を務めた。このような社会福祉の精神が一九〇四年一二月における三つの信託財団の設立という大事業で花開いた。この時、六八歳になっていたジョーゼフ・ラウントリーは、当時の自分の財産の半分を提供して三つの信託財団を設立した。ジョーゼフ・ラウントリー慈善信託財団、ジョーゼフ・ラウントリー社会奉仕信託財団、そしてジョーゼフ・ラウントリー村落信託財団である。原資となったジョーゼフの財産というのは、つまり彼が所有するラウントリー社の株式の半分なのであり、三つの信託財団の事業はラウントリー社の株式配当金によって運営された。逆に言うと、三つの信託財団がラウントリー社の大株主になったのであり、信託財団の理事たちの意向が会社の経営に大きな影響力を持つようになった。

ジョーゼフ・ラウントリー慈善信託財団の最大の目的は、貧困の原因究明とその緩和に資金援助をすることであった。その他にこの信託財団は、友会の教育支援、節酒運動の推進、平和運動の財政的支援などを行った。ジョーゼフ・ラウントリーは、通常行われている慈善活動は「寄付の慈善、感情の慈善」であって、望ましいものではない、という。むしろ貧困や悲惨といった社会問題の根源を突き止める調査活動にこそ財政的援助をするべきだ、と考えた。ジョーゼフ・ラウントリー社会奉仕信託財団は社会問題への取り組みに対する財政的支援である。その中には、社会問題に取り組むジャーナリズムへの支援も含まれた。ジョーゼフは、これについて次のように言う。「我が国の国民生活に対する最大の危険は、利己的で無節操な富の力から生まれている。その力は、主に出版物を通して世論に影響を与えている。したがって、これに対抗するために、同様に新聞や書籍、パンフレットなどの出版物を通して世論を喚起しなければならない」と。

ジョーゼフ・ラウントリーは、これより以前の一九〇一年にハクスビー・ロードの工場に隣接する土地一二三エーカーを買って、ここをニュー・イヤーズウィックと名付け、レイモンド・アンウィンとバリー・パーカーという二人の建築家に村落と家屋の設計を依頼して、田園村落の建設を開始していた。二人は後に、エベネザー・ハワードの企画によるレッチワースの田園都市や、さらには田園郊外の建築設計にも携わることになる建築家たちだった。ジョーゼフ・ラウントリーは、このニュー・イヤーズウィック田園村落の建設と運営を担う組織としてジョーゼフ・ラウントリー村落信託財団を設立した。ジョーゼフの試みは、ジョージ・キャドバリーのボーンヴィル田園村落の建設に刺激され、また、彼と相談しながら行われたものであった。したがって、模範的村落建設の理念も同じであった。ジョーゼフ・ラウントリーにとって幸いだったのは、ボーンヴィルの前例を参考にして、その問題点を修正できたことである。ボーンヴィル田園村落においては、住宅の家賃を高く設定せざるをえなかったので、ニュー・イヤーズウィックではオープン・スペースを狭くし、さまざまなグレードの住宅を建設するなどして、家賃を引き下げた。

［図 11］ニュー・イヤーズウィック村落（1910 年）　気球から撮影
〔出典：Murphy, J., 1987, p.1〕

ニュー・イヤーズウィック田園村落もボーンヴィル田園村落と同様、自社のチョコレート企業の従業員だけではなく、広く一般市民を対象とした住宅村として建設された。週二五シリング程度の収入の人々でも賃借可能な住宅を建設することを目標としたが、収入や家族構成の異なる人々を住まわせるべきだという考えに立って、あえてさまざまなタイプの住居を建てた。

しかし、いずれも芸術的に優れた外観を持ち、衛生的で頑丈な建物であった。緑豊かな住環境を維持するために、一エーカー当たりの住宅数は一二戸以下とされ、各戸に果樹と菜園つきの広い庭が与えられた。村落信託財団は病院、学校、図書館、体育館、プールなどの公共施設をこの模範村落に寄贈した。また、ジョーゼフは、住民自身が村の生活を管理するべきであると考え、住民による民主的な自治組織を結成させた。のちの一九五四年には、寝室三つを持つ家が五〇〇軒、一つまたは二つの寝室を持つ家が九〇軒存在していた。

これら三つの信託財団は、その後の社会情勢の変化に合わせて、ジョーゼフ・ラウントリー基金信託財団とジョーゼフ・ラウントリー住宅信託財団に再編された。前者は、世界的な視野で貧困問題を中心とするさまざまな社会問題研究に対して毎年総額一〇〇〇万ポンドを提供しており、イギリス最大級の基金財団である。後者は一九六八年に設立され、ニュー・イヤーズウィック田園村落を含むヨークシャー各地の住宅プロジェクトを管理している。

家父長主義と企業フィランソロピー

アン・ヴァーノンによれば、二〇世紀の初めのイギリスでは未だ累進税制が採用されておらず、ジョーゼフ・ラウントリーが三つのトラストを設立した時にも彼への所得税率は三・三%にすぎなかった。したがって、一九世紀と二〇世紀初めに成功した実業家たちは有り余るカネをもて余すことになった。彼らの多くは、それを名誉を得るために使った。イギリスの伝統的な支配階級は地主、身分的には貴族とジェントリーであり、「ジェントルマンであること」の社会的価値は絶大であった。成功した実業家たちの多くは、ジェントルマンになるために広大な所領を買い上げて地主化し、国会議員になって政治的権力を獲得し、子弟にはジェントルマン教育を受けさせ、最終的には爵位を得ることを望んだ。一九世紀末以後にイギリスの経済成長率が合衆国やドイツに比べて低かったのは、実業家とその家族が地主化して企業家精神を失う傾向が強かったからだ、という有力な説もある。

もちろん、成功した実業家のすべてが「地主＝ジェントルマン化」の願望を実現したわけではない。しかし彼らの多くは、まずもって自らの従業員たちに対して地主的で温情的な家父長主義的支配を実施した。すでに産業革命期に、ランカシャーの綿業企業家の多くが自社の従業員のために、住宅、社交施設、病気休職手当、老齢年金、さらには学校や教会までも提供していた。それは、使用者に対する従業員の敬意と感謝の気持ちを育み、会社への忠誠心と労働意欲を掻き立てるという効果を持った。したがってその後、多様な業種の多くの企業家が家父長主義的福利政策を採用した。ジョージ・キャドバリーやジョーゼフ・ラウントリーの社内福祉政策は、一見したところ、このような家父長主義的企業経営者のそれと変わらないように見える。しかし、よく調べてみると、福利給付についての両者の精神は大いに異なる。この点を明らかにするために、ここでは彼らの同時代人であるウィリアム・リーバ（一八五一～一九二五年）の家父長主義的な労務管理政策を検討しよう。

リーバはランカシャーのボウルトンで、雑貨商の息子として生まれた。彼は一六歳で父の会社に入社し、販売外交員として目覚ましい実績を上げ、二一歳で会社のパートナーとなった。まもなく彼は、石鹸への大衆需要が増加することを見越して、石鹸販売に集中した。弟を巻き込んでリーバ・ブラザーズ社を設立したのは一八八二年のことである。当時石鹼は獣脂から作られて、雑貨商の店頭では棒状で用意され、客の要求に応じて切り売りされていた。リーバは植物性油脂を使った石鹼が泡立ちの大変良いことに注目した。しかしこれは長時間空気に晒すと悪臭を放った。そこでリーバはこれを一個ずつ模造羊皮紙に包み、美しい紙箱に入れて販売した。彼はさらに悪臭を出さない植物性石鹼を開発して、一八八五年にウォリントンに工場を建設して、その製造を開始した。彼はこれを「サンライト・ソープ」と名付けて、全国的規模で大々的に広告・宣伝した。マーケティングについて、彼はアメリカ合衆国の諸企業の手法を大いに研究して採り入れた。一八八六年から九六年までの一〇年間に、石鹼の年間生産量は約三〇〇〇トンから約四万トンに急増した。

この一〇年間にリーバ社には二つの大きな変革が起こっていた。第一に、リーバは工場移転のために一八八七年末にマージーサイドのリヴァプールの対岸、バーケンヘッドの土地を買い上げた。最新工場が建設されたこの土地は、ポート・サンライトと命名された。また一八九〇年には会社組織を法人化して有限責任の非公募株式会社にした。リーバ・ブラザーズ社は一八九四年には公募株式会社になった。当初の資本金は一五〇万ポンドで、発行株式の半分が普通株、残り半分が議決権のない優先株であった。ウィリアム・リーバが普通株のすべてを所有し、ワンマン体制を継続した。彼の弟や父が取締役に就任したが、ウィリアムが会社の戦略のすべてを決定した。

リーバは一八八八年以後、ニューヨークを皮切りに海外での製品販売と生産を展開した。彼の戦略は、代理店を設置して集中的に広告宣伝活動を行い、その地域の販売額が一定額を超えると、そこに工場を建設して現地生産を開始する、というものであった。一九世紀末には、ヨーロッパと北米、さらには世界中のイギリス帝国領域内での生産と販売が行われていた。製品は一八八八年以後、石鹼だけではなく、殺菌剤、洗濯粉、磨き粉にも広がった。石鹼製造は新規参入が容易なので、二〇世紀に入るとリーバは他社に対する優位性を確保するために後方統合を展開した。太平洋のソロモン諸島やマーシャル諸島、さらにはアフリカのベルギー領コンゴやナイジェリアに大規模な椰子プランテーションを設立した。また、地元近隣のウィラル半島で、豊かな塩の堆積層をもつ七〇〇〇エーカーの土地を買収した。ここで産出される塩は石鹼製造のためのソーダ灰の原料となった。こうしてイギリス最大の石鹼企業となったリーバ・ブラザーズ社は、一九一〇年代には主として株式交換という手段で主要なライバル企業を、次々に手中に入れていく。

ところでリーバは、一八八九年にポート・サンライト工場に隣接する土地での工場村の建設に着手した。緑豊かな環境の中に小ぎれいな住宅が建設され、社交場や商店、教会や学校、さらには美術館までもが提供された。居住資格はリーバ社の従業員とその家族であることであり、一九〇七年には一四〇エーカーの土地に約三六〇〇人が住んでいた。模範的村落であるという点でポート・サンライトはボーンヴィルやニュー・イヤーズウィックと同じであるが、前者においては居住資格が従業員に限られている点が建設者の家父長主義を表している。しかし、ポート・サンライトにおける家父長主義は、そこでの教会行政のあり方と「利潤共有制」のあり方において、もっと顕著に表れる。

ポート・サンライト村落が発足して間もない一九〇〇年に、リーバは「工場と教会の宗教的・社会的監督」として三四歳のギャンブル・ウォーカー牧師を七年間契約で招聘した。ウォーカー師は独立労働党を支持するウェズリー派メソディストの牧師であり、労働者たちに大変人気があった。リーバ

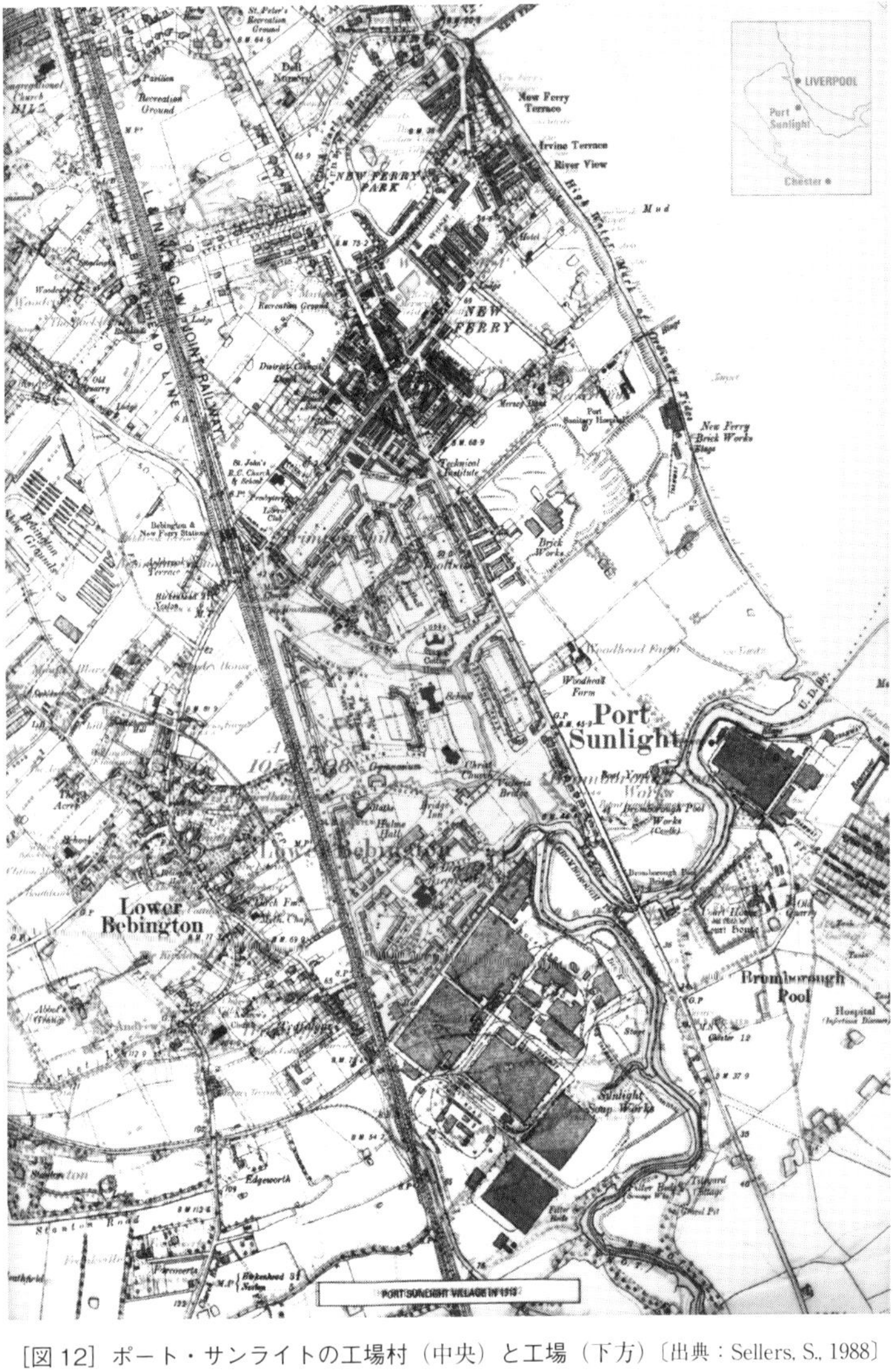

[図 12] ポート・サンライトの工場村（中央）と工場（下方）〔出典：Sellers, S., 1988〕

は従業員のうちの過激分子を懐柔するために、この牧師を選んだのだ。リーバは二万五〇〇〇ポンドを拠出して村内にゴシック様式の教会を建設し（彼はこれを会衆派［組合派］連合に寄進する形式を取った）、クライスト・チャーチと命名した。礼拝形式は宗派横断的なものとした。教会委員会の委員長はウォーカー師であり、一四名の教会委員のうちの五名がリーバ社の経営管理者であった。リーバも教会員に名を連ねた。ここでもリーバ社の社員とその家族であることが教会員の資格であった。しかし、村民はこの教会を嫌った。従業員である村民のうちで教会会員になった人の割合は、四％以下であった。リーバは、あの手この手を使って村民をクライスト・チャーチに誘導しようとしたが、従業員家族の村民は村外の周辺の諸教会に通った。それは、リーバの家父長主義的な意図が余りにも見え透いていたからである。

　リーバが従業員のうちの社会主義的な過激派を懐柔するために採用したもう一つの方策は、彼が一九〇九年に導入した「利潤共有制」である。彼は、リーバ社の利潤の分け前を労働者により多く分配するために、自分が所有する普通株の一部を「利潤共有信託財団」に保有させ、その配当を、従業員に与えることにした。しかし、すべての従業員がその恩恵に浴したわけではない。「利潤共有制」の企画に参加できるのは、五年以上勤続した二五歳以上の従業員だけであった。しかも参加希望者は「職務怠慢によって時間、労働、原料、金銭を無駄にしない」という念書へのサインを強制された。そして、その資格はリーバの意向によっていつでも剝奪され得た。だから「利潤共有制」も従業員の間では不評であった。四〇〇〇人近い従業員のうちでこの企画に参加した者は、約四分の一の一〇〇〇人にとどまった。

リーバ・ブラザーズ社の従業員は、当時の業界で最高水準の給与と住環境、衛生的で働き易い職場そして年金制度を与えられた。その企業福祉制度はキャドバリー社やラウントリー社と比べても遜色のないものであった。だから、ウォーカー牧師もウィリアム・リーバに心酔したのだ。しかしリーバがポート・サンライト村落の居住資格を従業員に限ったこと、村落に教会を建築してウォーカー師を招聘して住民を精神的に支配しようとしたこと、さらには「利潤共有制」によって従順な従業員を確保しようとしたことを併せて考慮すれば、その企業福祉の意図が従業員のためというよりは、リーバ自身のために行われたことがわかる。それは、従業員に恩情的福祉を与えることによって、彼らを家父長的に支配するためのものだったのだ。これに対して、ジョージ・キャドバリーやジョーゼフ・ラウントリーは、従業員を「共に働く仲間」としてとらえ、その人格を尊重していた。だから彼らは、従業員が労働組合活動をすることを承認し、むしろ奨励した。キャドバリーやラウントリーの企業福祉活動は会社の外側に広げられていった。彼らが建設した模範村落は、従業員のための施設ではなくて、社会改良のための実験だったのである。

第三章　第一次世界大戦期と一九二〇年代（一九一四〜二九年）

1　社会的・政治的背景

第一次世界大戦とイギリスの社会

サライェヴォ事件に端を発する世界大戦にイギリスは一九一四年八月に参戦した。当初、早期に終結すると予想された戦争は、長期化の様相を呈した。一九一六年一月には徴兵制がしかれ、同年一二月にはロイド＝ジョージ戦時連立内閣が成立した。ロイド＝ジョージ内閣は総力戦を戦い抜くために、戦時経済体制を整備していった。内閣に食糧省、船舶省、再建省と労働省を設置して、経済統制を開始した。戦争財政を維持するために所得税率を大幅に引き上げ、高額所得者には特別付加税を課した。また、労働組合の戦争協力を確保するために労働組合の組織化に対して寛容な態度で臨んだ。一九一八年に実施された第四次選挙法改正では、男子普通選挙権と三〇歳以上の女性への参政権が認められた。こうして大戦中に、国内では諸階層間の経済的格差とジェンダー間の格差が縮まった。

またイギリス政府は、帝国の自治領（カナダ、オーストラリア、ニュージーランド、南アフリカ連邦）

と植民地に対して、人員や物資の面での協力を要請した。自治領と植民地の政府は戦後には、戦争協力の見返りに本国からの自立を強く要求することになる。

一九二〇年代イギリスの政治と経済

両大戦間期のイギリスの国内政治において最も重要なのは、労働党の躍進と自由党の衰退である。第一次世界大戦を戦い抜いたロイド＝ジョージ連立内閣が一九二二年に崩壊して保守党内閣が成立した後、自由党は二度と政権を取ることはできなかった。一九二四年にはマクドナルドを首相とする初めての労働党内閣が成立し、それ以後、保守党と労働党が代わる代わる政権を担うという政局の展開となる。その理由は、労働者大衆が社会改革の担い手として、自由党よりは労働党に期待するようになったからである。

第一次世界大戦に勝利したイギリスは、史上最大の帝国領域を持つことになったが、イギリス本国は帝国の維持に苦慮することになった。アイルランドでは一九一六年四月にイースター蜂起が起こり、その後アイルランド民衆の反英感情を捉えたシン・フェイン党が躍進した。また、アイルランド義勇軍の反英武装闘争が激化した。これに対してロイド＝ジョージ政府は一九二一年一二月にアイルランド南部二六州を、イギリス帝国内で自治権をもつドミニオン「アイルランド自由国」として独立させた。他方インドについては、一九一九年にインド統治法が制定された。これは、インド政庁にインド総督や高等文官制を残しながらも、地方州政府の自治を認める「両頭政治」を導入するものであった。また、インド政庁は財政再建のために関税自主権を与えられた。また、他の自治領政府がイギリス本国からの自立を強く求めたために、本国政府は一九二六年の帝国会議においてバルフォア報告書を提出し、これが一九三一年のウェストミンスター憲章において確認された。これによって、自治領諸国は「王冠への忠誠」の下で、本国と対等の法制上の地位を認められた。

第一次世界大戦後において、世界経済に占めるイギリスの地位は大きく揺らぎ始めていた。戦時中に莫大な戦時債券を発行したために、イギリスは合衆国に対する債務国となり、国際金融の中心はイギリスのロンドンからアメリカ合衆国のニューヨークに移った。工業生産額については、すでに二〇世紀初めにイギリスは合衆国とドイツに追い越されていた。大戦中に各国は金本位制を離脱して管理通貨制に移行したが、アメリカ合衆国が最初に金本位制に復帰し、イギリスも一九二五年に金本位制への復帰に踏み切った。再建金本位制には景気の自動調整機能と為替安定機能が期待され、金融界がその実現を後押しした。しかし、金本位制への復帰が戦前の為替レートで行われたために、イギリスの輸出産業は大きな痛手を受けた。

金本位制への復帰によって最も大きな打撃を受けたのは炭鉱業であった。第一次世界大戦後に労働組合の組織率は上昇して大規模な争議が多発していたが、一九二五年には約一〇〇万人の炭鉱夫と約一五〇万人の他の労働者が参加するゼネストが行われた。使用者側と政府がこれに対して極めて巧みに対応したために、労働者側は敗北した。その後、使用者側は労働者の抵抗を未然に防ぐために労使協調路線を打ち出した。一九二八年にはＩＣＩ（帝国化学工業社）社長のモンドを代表者とする使用者側と、ＴＵＣ（労働組合会議）議長のターナーを代表とする労働者側が会談して、一定の合意に達した。その内容は、①労使団体間の交渉と協議を全国レベルと産業別レベルで推進する、②組合活動を理由とする解雇・処分は行わない、③合理化推進の過程では労働者の利益を保証する、といった内容であった。労働組合の意向を尊重しながら使用者側が合理化を推進するというモンド・ターナー路線は、その後の労使関係の基本となった。ただし、この路線を無視する使用者も多数存在したし、TUCもすべての労働者を把握できていたわけではない。そして一部の労働者にとっては、組合活動以前に雇用の確保の方が問題であった。

両大戦間期の最大の社会問題は、高い失業率の持続であった。イギリスの失業率は一九二〇年代を通して一〇%程度で推移した。しかし、両大戦間期のイギリスの年平均の経済成長率はヨーロッパの他の国々と比較して遜色のないものであり、一九三〇年代には国民総生産の年平均成長率は二・三%であった。それは一八七〇年から一九一三年までの成長率よりも高かった。この緩やかな経済成長率と高い失業率との矛盾という問題を解く鍵は、イギリスの経済構造の変化にある。

イギリス経済の構造的変化

産業革命期からイギリス経済を牽引してきたのは、綿工業、鉄鋼業、造船業、石炭業といった輸出志向型の産業であった。これらの旧基幹産業は第一次世界大戦の前までに、アメリカ合衆国およびドイツとの競争に敗れて、海外市場を失っていった。その傾向は戦後において決定的となった。これらの産業は一九世紀末までに炭鉱地帯に立地していた。つまり、ランカシャー南部、ウェールズ南部、北東部のクリーブランド、スコットランド南部などである。一言で言えばイギリスの北部である。これに対して、両大戦間期にはコートールズ社に代表される化学繊維、ＡＥＩ、ＧＥＣ、ＥＥに代表される電気機器、モリス社やオースティン社に代表される自動車、化学製品、製紙、印刷などの「新産業」が興隆してきた。これらはエネルギー源として電力を利用した。一九二〇年代にイギリスで電力業が発展し、送電線で全国に電力が供給されるようになると、これらの産業の担い手たちは大消費地ロンドンに近い南部や東南部に企業を立地させた。

したがって、産業構造の変化は産業の地域構造の変化を伴っていた。そして、失業者は旧基幹産業から出たのである。失業率を減らすためには、旧基幹産業から新産業に労働者を移動させることが必要であったが、これは現実には大変困難なことであった。両者の立地条件が異なっており、移動が困難であっただけではない。旧基幹産業の多くは高度な熟練を必要としたが、新産業は進んだ技術に対応できる半熟練工を必要としており、しかもそれは企業内で養成されたからである。

第一次世界大戦中の戦時経済統制は戦後解除されたが、両大戦間期においても政府は、合衆国やドイツとの競争力格差を縮めるために積極的に産業界に介入した。政府は一九二七年に電力業と放送事業を公営化して中央電力局とＢＢＣ（イギリス放送協会）を設立した。また政府はさまざまな産業分野で企業合同やカルテル形成を促した。化学工業の分野では一九二六年にノーベル社、ユナイテッド・アルカリ社、ブリティッシュ染料社、ブラナー・モンド社という大手四社が合併してＩＣＩが成立した。同社は、ドイツのＩＧファルベン、合衆国のデュポンやアライド・ケミカルに匹敵する巨大企業となり、デュポン社の管理組織に似た分権的事業部制組織を構築した。

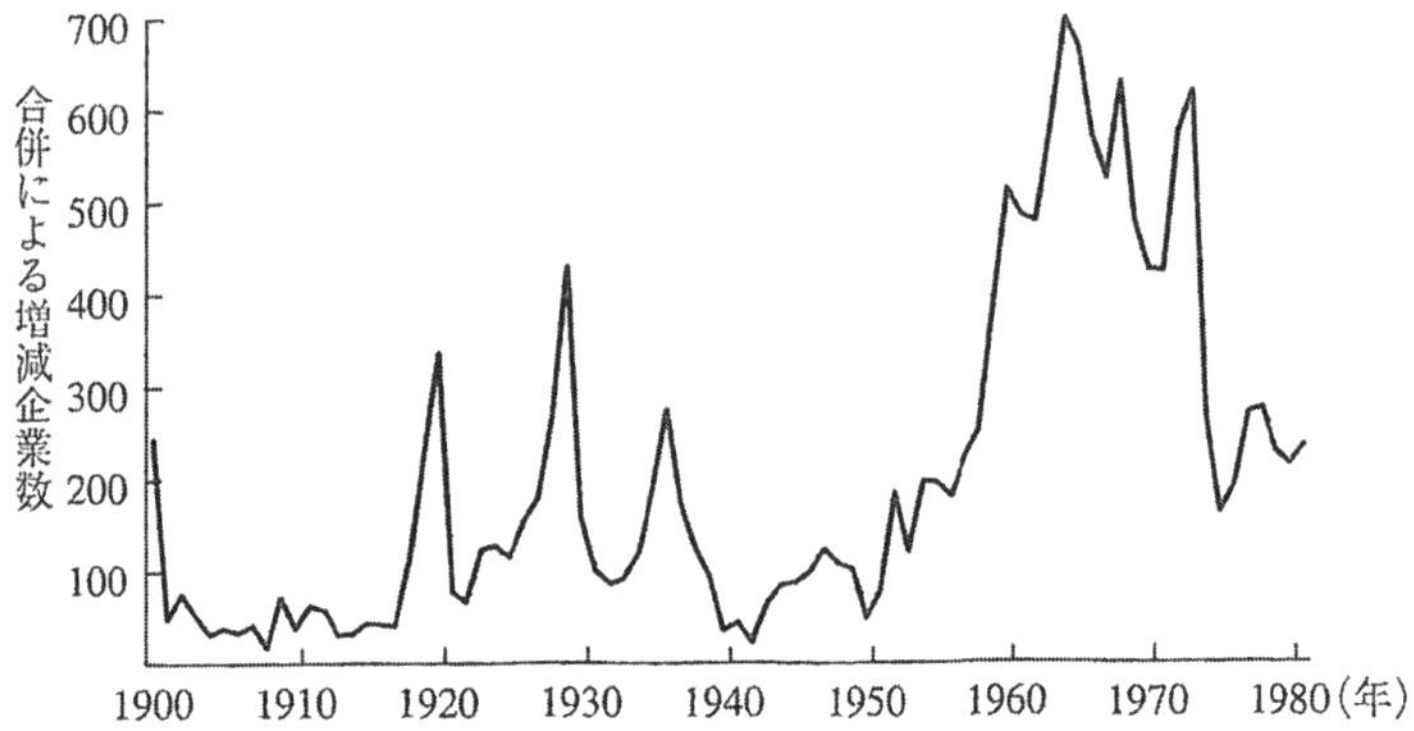

［図 13］ 連合王国製造業での合併活動（1900-81 年）
〔出典：ハンナ、L.『大企業経済の興隆』東洋経済新報社、1987 年、112 頁〕

大企業体制の形成

［図13］はイギリスの製造業で吸収・合併によって消滅した企業数を年次的に表したものである。これによると、イギリスでは企業の吸収・合併の動きが、一九〇〇年前後、一九二〇年代、そして第二次世界大戦後の三回にわたって起こったことがわかる。このうち一九二〇年代の運動は、一九〇〇年前後のそれとは異なって少数の大企業間の合併が主であった。イギリスの純生産（付加価値）総額に占める最大一〇〇社のそれの割合は、一九〇九年の一六％から一九三五年には二四％に増加したが、その原因は大企業自体の成長の結果でもあり、この合併運動の結果でもあった。こうして、イギリスでは一九三〇年頃には大企業体制が成立した。

［表5］は株式時価を基準としたイギリスの製造企業最大二〇〇社の業種ごとの集計である。これによると一九一九年と一九三〇年には食品、繊維製品といった軽工業の比重

が依然として高いことがわかるが、新産業の躍進も見て取れる。企業組織について言えば、一九三〇年には、緩やかな持株会社形態を採った複数事業単位企業が最大二〇〇社のうちの六八%を占めた。また一九二〇年代には、公開株式会社が増加し、大企業の中では企業家企業（創業者一族が経営する企業）から経営者企業（雇われ専門経営者が経営する企業）への転換の動きが起こった。

	1919	1930	1948	1973
食品	61	63	53	33
タバコ	3	4	6	4
繊維製品	26	21	17	10
衣服	0	1	2	0
木材	0	0	0	2
家具	0	0	0	0
製紙	3	5	6	7
印刷・出版	5	10	7	7
化学製品	14	11	17	21
石油	3	4	3	8
ゴム	3	3	2	6
皮革	1	1	1	3
石材・年度・ガラス	2	7	8	16
一次金属	40	24	25	14
加工金属	1	8	7	7
機械	7	6	10	26
電機	6	10	11	14
輸送機器	23	17	21	16
機密機器	0	2	1	3
雑貨	2	3	3	1
コングロマリット	0	0	0	2
合計	200	200	200	200

［表5］産業企業最大200社の産業分布（1919-73年）
株式時価を基準とした順位である〔出典：チャンドラー、A. D., Jr.『スケール アンド スコープ』有斐閣、1993年、16頁〕

チャンドラーは『スケール・アンド・スコープ』の中で、イギリスにおける大企業の発展の典型としてリーバ社を取り上げている。ウィリアム・リーバは戦争が始まると、従業員の愛国心を熱烈に鼓舞して四〇〇〇人以上の従業員を戦地に送り出した。また、政府の要請に応えてマーガリンとグリセリンの生産に力を入れた。彼はすでに準男爵の称号を得ていたが、この功績によって一九一七年に男爵に叙せられてリーバヒューム卿となった。終戦後の短期間に彼は、楽観的な予想の下に次々に他社を買収して事業を拡大した。しかし、その中には巨額の赤字を抱えるニジェール社も含まれており、このような乱脈経営がリーバ・ブラザーズ社を破産の瀬戸際に追い詰めた。この危機に直面してリーバは経営から身を引き、一九二一年には会計士ダーシー・クーパーを含む特別委員会が経営の最高責任を担う体制が採用された。この時以後、すべての意思決定は集団で行われることになった。

一九二五年にはリーバが死去し、クーパーが社長に就任した。そして組織変革が推進された。まず石鹼、マーガリン、油粕、副産物のそれぞれの製品系列についてコントロール・グループ委員会が設置された。また支出委員会、販売幹部委員会と海外委員会が特別委員会の下に設置された。こうして一九二六年までにリーバ・ブラザーズ社は複数事業部制の変種ともいうべき管理組織を持つに至った。しかし、このような組織改革にもかかわらず、市場シェアは減少を続けた。実はリーバ社が合併した諸企業は、本社からの相対的独立性を保持して経営を行っていたので、傘下企業の間で製品や流通について重複する部分があり、多くの資源の無駄が残存していたのである。これを合理化するのは困難なことであったが、オランダのマーガリン・ユニ社との合併が、その突破口となった。

マーガリン・ユニ社は、ともにイギリスのマーガリン市場の支配権を競い合っていたオランダの二つの企業、ユルゲンス社とファン・デン・ベルフ社が一九二七年に合併して成立した企業である。このマーガリン・ユニ社は石鹼製造を始めたが、ヨーロッパ市場におけるリーバ・ブラザーズ社との競合状況を緩和するために一九二八年末から同社との交渉に入り、一九二九年に両社は合併してユニリーバ社を設立した。両社は対等の出資比率で株式非公開の持株会社を作り、イギリス・オランダ両国のユニリーバ社には、互いの役員が参加するという形で業務の摺り合わせが行われることになった。そしてこの体制の下で、イギリス国内の業務の合理化も推進されたのである。こうして一九三〇年代にユニリーバ社は、従業員数でも株式の時価総額においてもイギリス最大の企業になった。

2　キャドバリー社の発展

大戦中のキャドバリー社

イギリス政府は、徴兵制を施行した際に良心的兵役拒否を認め、兵役拒否者には後方支援の役割を与えた。友会徒（クエイカー）は良心的兵役拒否者として有名であるが、実際には兵役についての考え方は、個々の友会徒によってまちまちであった。例えば、イングランド北東部で地方財閥を形成したピーズ家の一員、J・A・ピーズは対ドイツ宣戦布告を支持して、友会から脱会した。逆に、友会徒の左派の中には、軍事機構を麻痺させるべきだと考えた者もいた。一〇〇〇人ほどの友会徒の若者が兵役を拒否し、そのうち約二〇〇名が投獄された。しかし、他の多くは平和主義中道派であった。

ジョージ・キャドバリーの息子たちのうちでは、エグバートが開戦直後に友会から脱会して帝国海軍に志願した。他方ローレンスは友会徒野戦病院奉仕団（Friends Ambulance Unit）に参加して、西部戦線で傷病兵の救出・看護活動に従事した。そして、父のジョージ・キャドバリーは断乎たる主戦論者であった。

大戦はキャドバリー社の経営にも大きな影響を与えた。二〇〇〇名以上の男性従業員が従軍して、二一八名が戦死した。約五〇名が野戦病院奉仕団に参加し、多くの女子従業員が見習看護師になった。キャドバリー社は従軍した従業員とその家族に対して、総額九万四〇〇〇ポンドの手当を支給し、工場施設の一部を医療施設として提供し、消防隊や自警団を組織した。政府の戦時経済政策によって砂糖などの原料供給が統制されたので、同社は生産ラインの数を七〇六から一九五に削減し、政府の要請に応えてバター、チーズ、練乳、ビスケットなどを新たに生産した。

一九一七年以後、政府による食糧とその原料についての統制が強化されたので、キャドバリー社、フライ社、ラウントリー社の友会徒系三社はカルテルを結成した。一九一七年にはココアとカカオバターの最低販売価格について合意し、三社合同の販売代理店を設置した。翌一八年三月には、三社はチェルトナム会議を開催して、店頭広告、カカオバター販売、製品輸出、クーポン計画、最低販売価格の固定、情報交換という六点に関して合意した。チェルトナム合意は戦争中の特殊な状況の下で形成されたのだが、戦後においても三社が協調行動を採るときには必ず参照される前例となった。

ＢＣＣの成立

戦争の長期化のためにココア・チョコレート企業各社の業績は軒並み悪化し、フライ社がスイスの企業に買収されるという噂が流れた。そこで一九一七年にエドワード・キャドバリーがフライ社およびラウントリー社との三社によるトラスト形成を提案した。ラウントリー社はこれを拒否したが、フライ社は提案を受け入れた。一九一八年一〇月にキャドバリー社とフライ社がブリティッシュ・ココア・アンド・チョコレート会社（以下ＢＣＣと略記）という持株会社を作り、これが両社の普通株を所有して、その代わりにＢＣＣの株式を両社の株主に発行するという方法を採った。こうして両社はその独立性を形式上は保ったままで、ＢＣＣの支配下に入った。

しかし第三者会計士団は、現状のキャドバリー社の資産額がフライ社のそれの約三倍に相当すると査定した。キャドバリー社が工場の施設や機械類を最新のものに更新していたのに対し、フライ社が設備投資に消極的だったので、両者の資産価値に大きな差ができたのである。その結果、両社のＢＣＣの株式の配当比率は三対一となり、ＢＣＣの社長にはバロウ・キャドバリーが就任した。こうしてフライ社は、実質的にキャドバリー社の子会社になった。

一九一八年にＢＣＣの傘下に入ったフライ社は、一九二二年にブリストルの工場を廃止して、ブリストルとバースの中間地点のソマデイルに、最新の機械設備を装備した新工場を建設することを決定した。ソマデイルはエイヴォン川沿いで、鉄道の便の良い町であった。以後、キャドバリー社とフライ社の間には緊密な分業関係が形成されていく。キャドバリー社はミルクチョコレート、ココア、およびチョコレート詰め合わせの生産に集中し、フライ社は低価格品とカウントラインの生産に集中し、両社は配送ネットワークを共有した。「カウントライン」というのはチョコレート菓子のことである。ココアやチョコレートが元来、重さのグラム単位で販売されたのに対し、チョコレート菓子は個数単位で売られ、数える（カウントする）ことができるので、カウントラインと呼ばれたのである。

経営組織の革新と海外直接投資

キャドバリー社は第一次世界大戦の終戦直後に、約二〇年ぶりに取締役会の改編・強化を行った。同社の取締役はすべて家族ないし親族であったが、この時にも新たに五名の親族が取締役に就任して、新しく設置された役職を担当した。つまり、ウォルター・バロウが法務を、ローレンス・キャドバリーが製品戦略を、ドロシー・キャドバリーは女性従業員部門を、ポール・キャドバリーは販売部門を担当し、チャールズ・ジレットはエドワード・キャドバリーから海外部門を引き継いだ。一九二二年にジョージ・キャドバリーが死去したので、キャドバリー社の社長にはウィリアム・キャドバリーが就任したが、会社の戦略的意思決定は取締役会の合議によって行われた。これに伴い、取締役会の下に幾つかの新しい部局と委員会が設置された。そのうちの人事委員会は、将来の中間管理職員の候補生である大学新卒者を多数採用した。また運輸部門が設置され、一九三〇年までに全国で一五の流通拠点が置かれて、そのネットワークが形成された。これによって工場内の過剰在庫が解消され、工場から消費者までの商品の流通スピードが増した。また大量輸送が可能になったので、単位当たりの包装と運輸の費用が大幅に削減された。

キャドバリー社は、一九二七年にはボーンヴィルに四階建ての食堂棟を建設し、一九二九年には「新カカオ棟」と名付けられた原料処理のための最新鋭工場を建設した。これは、カカオ豆の到着からココア缶のラベル貼りに至る全工程を、切れ目のない機械化された単一の流れに統合したものであった。このような経営革新によって、キャドバリー社の生産性は飛躍的に増大した。特に「デアリー・ミルク」の売上高は一九一九年から一九三〇年の間に九倍に達した。

また、キャドバリー社は従来の海外戦略を転換して、海外直接投資による現地生産を推進した。第一次世界大戦後の戦後不況が長引いたので、英連邦内の自治領を含む各国政府が自国の製造業を保護するために、輸入品に対して高率の保護関税を設定するようになったからである。この状況を打破するために、イギリスの製菓企業はいずれも海外直接投資に乗り出した。

キャドバリー社の製品がよく売れていたオーストラリアでは、大戦後に同国政府が菓子製品の輸入を全面的に禁止した。そこでキャドバリー社は一九二二年二月に、キャドバリー・フライ・パスカル有限会社という現地法人を設立した。またタスマニアのホバート近郊に土地を購入して、一九二三年までに六つのブロックから成る鉄筋コンクリート造りの大工場を建設して、チョコレート製品の製造を開始した。ニュージーランドでは、一九二八年に同国政府がチョコレートに二五％従価税を設定した。そこで、キャドバリー社は現地の製菓企業であるハドソン社を吸収合併して一九三〇年にキャドバリー・フライ・ハドソン有限会社を設立して、ココア・チョコレートの製造販売を開始した。カナダではフライ社が一九一九年にボストンのローニー社と共同でカナディアン・ココア・アンド・チョコレート有限会社を設立して現地生産を開始した。キャドバリー社はこれを一九二九年に買収して、翌年から「デアリー・ミルク」などの生産を開始した。また南アフリカでは、ポート・エリザベスに工場を建設して、自社製品の製造販売を開始した。

海外の現地生産の売上高を含めると、キャドバリー社の売上総額は一九二三年から二八年までの間に、約五〇〇万ポンドから約三五〇〇万ポンドへと七〇倍に増加した。驚異的な成長である。キャドバリー社は、一九二〇年代に、イギリスのココア・チョコレート業界を制覇した。

企業福祉の拡充

キャドバリー社では戦前に設立された男性工場委員会と女性工場委員会が機能していたが、一九一七年にウィットリー報告が公表されると、新たな協議会方式が策定された。ウィットリー報告は、戦時中に政府によって設立された再建省の下でJ・H・ウィットリーを議長として発足した「労使関係についての委員会」の報告である。これは、使用者側に大きな譲歩を要求し、使用者側と労働者側の双方の代表が労使間の諸問題を話し合うための協議会を、各工場、各地域、および全国の三つのレベルで設立することを奨励した。

キャドバリー社のボーンヴィル工場では、二つの工場協議会、その下での一六のグループ委員会、さらにその下での約一三〇の職場委員会が設立された。各工場協議会は、グループ全体の従業員から選出された八名と、取締役会から任命された八名の合計一六名によって構成された。会議は二週間ごとに開かれ、その議長は前者から選ばれた一名と後者から選ばれた一名が毎回交代して担当した。工場協議会において検討された事項は多岐にわたったが、大まかに言えば、工場内の福祉、会社の事業活動の従業員への情報開示、工場の管理の三点に関するものだった。そして、会社の経営方針に関することと、労働組合との間で協議するべき事項は、工場協議会の議題からは除外された。

イオロ・ウィリアムズによれば、工場協議会のシステムはキャドバリー社の発展に大いに貢献した。労働者が生産効率や技術革新について大いに関心を持つようになった。とりわけ、職場委員会は労使間のそれぞれの見方を相互理解させるために役立った。従業員の要望に即して企業福祉の事業が拡充され、従業員の規律違反は激減した。こうして、争議の芽が生えることが未然に防がれたのである。

この時期に開始された具体的な福利給付について言えば、まず一九一九年に拠出制の任意型疾病保険が開始された。これは従業員本人と会社が積立金を半分ずつ拠出するもので、国民健康保険への追加と見做された。また、一九二〇年には無拠出制の失業給付が創設され、一九二三年には年金受給者寡婦基金と被扶養者生命保険基金が設立された。さらに従業員が特殊な困難に遭遇した場合に給付が行われる善意基金も創設された。また同じ一九二三年には利潤共有制 profit sharing が開始された。これはキャドバリー社の普通株の一部を従業員の持ち分と見做して、利潤の一部を従業員全員への配当とするものであった。キャドバリー社は、その中からまず時短手当を給付し、残りを従業員全員に分けて給付した。

社内教育制度も、この時期にさらに拡充した。一九三〇年までにはキャドバリー社は、すべての男女若年従業員が一八歳になるまで、有給で毎週二回半日授業を受けることを義務化した。平日授業はバーミンガム市教育当局が運営した。国語（つまり英語）、算数、歴史、地理、科学、図画工作が教授されたが、教室が不足したのでキャドバリー社が校舎建設の費用を出した。四角い中庭を囲む三棟の平屋から成る学校の建物は一九二五年に完成した。校舎は全部で二四室から成り、女性用の一四室は、服飾、料理、音楽、生物学、初等科学、生理学の教室を含み、男性用の教室は作業場、実験室、製図室を含んでいた。学校にはさらに体育館と水泳プールが設置された。林間学校やヨーロッパ大陸への修学旅行も開始された。

社内の技術教育も充実しており、従業員全体に対する職業教育体制が整備されていたが、その内容は部局ごとに、時期的に（つまり技術的発展に応じて）相違していた。事務職員の職業教育の中心は簿記と速記であり、女性についても一九二一年からは機械操作の訓練が開始された。社内での昇進を望む従業員のためには二つの教育課程が設置された。一つは産業管理コースであり、このコースを選択した者は冬季に週二回の授業を二年連続で受講しなければならなかった。もう一つは女性用の少女事務室組織コースであった。これは四〇週間の週一回のコースであった。

リクリエーションの施設も、この時期に拡充された。一九二四年には約七五エーカーの広大なローヒース遊技場が会社によって提供された。ここにはサッカー場が　一面、ラグビー場が三面、ホッケー場が七面、クリケット場が一一面、ボーリング競技用の芝生場が三面、さらにテニスの芝生コートが四一面、そして体育館が含まれていた。このリクリエーション施設を管理するためにキャドバリー社は一九一九年に青年協議会を設置した。青年協議会の運営委員会は二〇名から成り、その内訳は、青年たちから選出された一二名、経営側の代表者七名、そして一人の取締役であった。

［図14］ウッドブルックのジョージ・キャドバリーの邸宅
ジョージはここに1880年から1895年まで住んだ。この建物は後にウッドブルック・カレッジの本館として利用された。ウッドブルック・カレッジは現在、バーミンガム大学に吸収され、神学部の一部となっている。

ウッドブルック・カレッジと友会徒雇用主会議

ボーンヴィル工場はバーミンガムの南方の郊外に位置する。このボーンヴィルの西にセリー・オウク地区があるが、ジョージ・キャドバリーは、その地区内のウッドブルックに一八八〇年に屋敷を建てて、そこに一八九五年まで住んだ。彼は一九〇三年にこの屋敷と敷地を、若い友会徒の神学教育と宣教師育成のためのカレッジを設立する目的で、友会に寄付した。このウッドブルック・カレッジが友会徒使用者会議の会場として利用されたのである。

友会徒使用者会議は一九一八年に初めて開催され、その後一〇年ごとに合計四回開催された。ジョージ・キャドバリー・ジュニアは第一回会議で『労働条件』について、第二回会議では「経営管理のための訓練」について報告を行った。また第三回会議では、ローレンス・キャドバリーが、産業の公的な管理を批判する報告を行った。したがってキャドバリー家の人々は、友会徒使用者会議の有力な推進者だったのだ。

友会徒使用者会議が開催される遠因としては、友会徒が一八九五年のマンチェスター会議以後、社会経済問題に教団として積極的に取り組むようになったことが挙げられる。また、一九〇三年には「社会諸問題の研究を奨励し、社会的・市民的生活への宗教信仰の適用を勧める」という目的で、「友会徒社会同盟」が結成された。その会長にはシーボーム・ラウントリーが、またその出納長にはジョージ・キャドバリー・ジュニアが就任していた。しかし、なぜ一九一八年四月に第一回の使用者会議が開かれたのだろうか。これについては、開会の挨拶を行った庶民院議員（自由党）のアーノルド・ラウントリーが、第一次世界大戦の影響を指摘している。彼によれば、一九世紀には「自由放任」主義を掲げる使用者側と、搾取から身を守るために団結した労働者の組合とが鋭く対峙していた。しかし、大戦が両者間の友好と一致の機運を生み出した。友会徒使用者会議は、このような状況の中で開催されたのである。

第一回使用者会議に招待されたのは、五〇名以上の従業員を雇用する友会徒使用者全員三七五名であった。そのうちで会議に出席したのは七五企業を代表する八六名であった。第二回以後の使用者会議でも、同じ基準で招待が行われたと推察される。出席者の過半数は製造企業の使用者であり、そのほとんどが家族企業であった。第一回使用者会議の報告書の内容構成と第二回のそれとはまったく同じである。共に九つのセッションのそれぞれの報告書の全文と、それらについての質疑応答、そして会議の公式報告書が収録され、さらに出席者の氏名と所属企業名が付されている。また、第一回会議と第二回会議は、報告・討議されたテーマも大体重複していた。これら二回の会議では、労使関係についての諸問題が採り上げられた。それらは、労働者の経営参加、労働諸条件、利益分配制、失業の四つにまとめられる。

労働者の経営参加について、一九一八年の会議ではウィットリー報告が中心的なテーマとなった。議長アーノルド・ラウントリーもジョージ・キャドバリー・ジュニアも、その趣旨を絶賛した。また、第四セッションの報告を担当したJ・B・シュアルが工場協議会の推進を奨励し、多くの発言者の賛同を得た。一九二八年の第二回使用者会議の公式報告書でも、工場協議会の推進が労使間の相互理解を推進し、企業福祉を推進し、労働者の地位を向上させ、生産効率を上昇させる、と記された。しかし労働者の経営参加は労務管理の分野に限定された。一九一八年の第九セッションで報告したA・J・カドワースは、労働者が資本と充分な経営知識を持たない現状では労使共同経営は実現不可能だ、と述べた。シーボーム・ラウントリーも同意見であり、一九二八年の第二回使用者会議でもエドワード・キャドバリーがこの見解を支持したのである。

労働諸条件の問題については、一九一八年の使用者会議でジョージ・キャドバリー・ジュニアが報告した。彼は労働諸条件とは、単に賃金と労働時間の問題だけなのではないとして、キャドバリー社における実践を踏まえて、職場環境、職場内の規律の維持、工場協議会、提案計画、従業員教育、賃金形態、その他の福利厚生について説明した。これについて、延べ一六名もの参加者が質問を浴びせ、議論は多岐に及んだ。そこで、議長は報告者がシーボーム・ラウントリーおよびヘンリー・クレイと相談して最終報告をまとめるように要請した。

その結果、「報告書」においては労働諸条件についての決議は、次のようにまとめられた。

まず、使用者は労働者の「人間としての権利」を認め、敬意をもって丁重に処遇するべきである。使用者は労働者を信用し、彼らの考えや欲求を理解するべきである。したがって労働者に影響を与えるすべてのことがらは、労働者との協議のうえで決定されなければならない。労働者たちは、労働日の長さや労働の強度を原因とする過度の緊張から保護されなければならない。また、一つの単純な仕事に何年ものあいだ縛り付けられてはならない。作業場の換気、温度、照明は適切に維持され、清潔に保たれなければならない。労働者たちには充分な住宅施設と、リクリエーションと教育を享受するための充分な施設が与えられるべきである。そして労働者たちに対する使用者の最大の責任は、そのような生活を労働者が享受するのに充分な賃金を支払い、そのための労働日を確立することである。

第一回と第二回の友会徒使用者会議の第三の大きなテーマは、利潤共有制実施の問題であった。一九一八年の第一回会議ではA・J・カドワースがこれについて報告を行ったが、続く討論の中では消極的反対論の方が多かった。しかし賛成論者が反対論を押し切って、最終報告書では「余剰利潤が存在する場合」という条件付きで利潤共有制の実施が奨励された。たいていの場合、余剰利潤は使用者によって独占されるが、本来これは社会的委託物 trust と見做されるべきであり、使用者のみならず、経営者、労働者および社会全体に分配されるべきだ、というのである。このような考え方は、一九二八年の第二回会議では、ラウントリー社のウィリアム・ウォリスによって整理されて、より明快に論じられた。

友会徒使用者会議の第四の大きなテーマは、失業問題であった。一九一八年の会議でも、雇用の不安定が労働者の心身に悪影響を与え、生産性の低下や労働争議の原因になるという認識の下で、活発な議論が交わされた。例えばF・バーチャルは、企業が多角化によって不況を乗り越え、失業者を出さないように努力するべきだ、と論じた。また、シーボーム・ラウントリー、ジョージ・キャドバリー・ジュニアなどは、多くの企業あるいは業界の協力の下での失業対策基金の設立を提案した。しかし一九二〇年代になると、そのような議論は行われなくなる。一九二八年の公式報告書の初めの部分では、次のような見解が披瀝される。「我われは、失業問題について熟考した結果、国家による新しいドラスティックな行動が必要だ、ということを確信するに至った。私的に管理されている産業が独自に取り組むためには、状況が余りに深刻化しているからである」と。

以上のように、第一回・第二回の友会徒使用者会議では、もっぱら労使関係と労務管理の諸問題が討議された。そして、キャドバリー家とラウントリー家の若い世代の企業経営者たちが、それらの議論を主導したのであった。

その後の友会徒使用者会議は、ほとんど成果を生み出せなかった。第三回会議は一九三八年四月に開催されたが、当時のイギリスの状況を反映して、政府の経済政策の評価を巡る議論が中心となった。そして、この会議では参加者の意見が産業国有化を巡って、真っ二つに分かれてしまったのである。第四回会議は一九四八年四月に開催されたが、それは第二次世界大戦後の労働党アトリー政権による主要産業国有化が推進された時期であった。第四回会議は、外部から招かれた一人の講師の講演会となった。時代が変わり、戦後イギリスで福祉国家が成立し、主要産業の国有化が実施されると、友会徒使用者たちが発信するべきメッセージは乏しくなっていったのである。

3　シーボーム・ラウントリーの社会改良思想と政治的・社会的活動

一九二三年にジョーゼフ・ラウントリーは、ラウントリー社の社長職を次男シーボームに譲渡した。この頃までにはシーボーム・ラウントリーは、その著作活動や政治的・社会的活動によって、すでに国民的な有名人になっていた。したがって、まず彼の活動業績を第一次世界大戦以前にまで遡って整理しておきたい。

貧困の研究

シーボーム・ラウントリーは、一八七一年にイングランド北東部の古都ヨークで、チョコレート企業家である父ジョーゼフ・ラウントリーと母エンマの間に、次男として生まれた。シーボームは、友会がヨークに創立した非国教徒アカデミーであるブーザム校に一一歳で入学し、一六歳でマンチェスターのオウエンズ・カレッジ（後にマンチェスター大学に統合された）に入学した。一八歳でシーボームはここを中退し、父のココア工場で働き始めた。ラウントリー家は数代前から友会徒（クエイカー）であり、ジョーゼフは社会問題にも敏感であった。ジョーゼフは、一八五七年からヨークの成人学校で宗教と社会問題の講師を務め、レトリート精神病院の委員を務め、一八六三年からは貧困問題についての統計資料の収集を始めた。シーボームが大きな製菓企業の二代目社長でありながら、社会問題に精力的に取り組んだ背景には、友会全体としての社会問題への積極的な取り組みと、このような父ジョーゼフの影響とがあった。

　シーボームの社会問題への関わりは、二一歳のとき（一八九二年）から始まる。シーボームはこの年から、ヨークの成人学校の講師となり、主に労働者を対象に、キリスト教信仰を社会問題と関わらせながら講義した。一八八〇年代、九〇年代は、貧困問題がこれまでとは異なった観点から検討され始めた時期であった。一九世紀第3四半期のヴィクトリア繁栄期においては、貧困は貧民個人の道徳的欠陥に起因すると考える見方が主流であった。貧困を改善するためには、貧民に宗教心を持たせ、勤勉・真面目・正直といった徳目を実践して、自助努力をさせるべきだ、というのがその骨子である。しかし、一九世紀末の大不況期に至って、貧困の原因は貧民個人にあるのではなく、むしろ社会経済や政治のシステムにある、という考えが台頭してきた。

［図15］シーボーム・ラウントリー
〔出典：Briggs, A., 1961〕

　この頃シーボームは、一八八九年に第一巻が刊行されたチャールズ・ブースの『ロンドン民衆の生活と労働』を読み、その調査方法と結論から多くのことを学んだ。そして、一八九四年春から地元ヨークにおける貧困の調査研究を始めた。その研究成果が一九〇一年に刊行された『貧困研究』である。これは、ブースの『ロンドン民衆の生活と労働』と並んで、社会調査研究の古典とされるが、シーボームの研究成果の特徴は、「貧困」の中に「第一次貧困」と「第二次貧困」の区別を設けた点と、一世帯ないし一生涯における「貧困のサイクル」を発見した、という点にある。

シーボームのいわゆる「第一次貧困」とは「収入をいかに賢く、いかに注意深く管理して支出しても、その収入が家族の肉体的効率の必要最低限を満たすのに不十分な状況」をいう。シーボームは、労役所 workhouse 資料を参考にし、生理学者や栄養学者の協力を得たうえで、現時点において労働者が「肉体的効率を維持するため」に必要な賃金を算出する。それは、家族構成によって異なってくるが、例えば、両親と三人の子供からなる家庭が、ヨークで「肉体的効率を維持するため」に必要な一週間の支出額は、食料費一二シリング九ペンス、家賃四シリング、衣服・光熱費合計四シリング一一ペンスで、合計二一シリング八ペンスである。ここで注意するべきは、「肉体的効率を維持するため」の支出の中には、教育費、医療費、交際費、交通費など、その他の支出が一切含まれないことである。シーボームは、当時のヨークにおいて一四六五世帯、つまり労働者世帯の一五%、ヨーク総世帯の一〇%が、第一次貧困の状態にある、と結論した。

「第二次貧困」とは「収入を賢く注意深く支出に回すならば、単なる肉体的効率の維持以上の生活をすることが可能であるけれども、実際には家族が貧困によって苦しんでいる状態」をいう。シーボームの調査によれば、ヨークの全世帯の一八%は「第二次貧困」の状態にある。「第一次貧困」の原因としては、主たる賃金取得者の死亡、災害、疾病、老齢、家族数の多さ、そして低賃金や失業があり、それらのうちで低賃金が最大の原因である。「第二次貧困」の原因としては、これらの外に、飲酒や賭博の悪癖が加わる。しかしシーボームは、悪癖について労働者の倫理的な弱さを責めるべきではない、という。貧しい労働者は不潔なごみごみとした不衛生な環境からの一時的逃避の手段として、そのような悪癖に手を染めるのであるから、生活環境の改善が行われなければ、そのような悪癖も無くならない、というのがシーボームの主張である。

いずれにせよ、第一次と第二次の貧困を合わせると、ヨークの全世帯の三〇％近くとなる。これは、ブースが調査したロンドン民衆の貧困とほぼ同じ割合である。シーボームの調査結果は、ロンドン民衆の貧困が首都に特有な問題ではなく、全国に遍在する深刻な問題であることを明らかにして、政府による取り組みを促すことになった。

シーボームはインタビューと大量観察により、労働者の一生涯における「貧困のサイクル」を発見した。労働者の生涯は、「貧困」と「比較的余裕のある生活」の交替によって、五つのはっきりと違った時期に区別できる。①幼少の時期には、父親が熟練労働者でない限り、おそらく貧乏生活をするだろう。この状態は、彼あるいは兄弟姉妹の誰かがカネを稼ぎ始めるまで続くだろう。②この「比較的余裕のある生活」は、彼が結婚したあと子供が二人か三人生まれるまで続くが、そのあと彼は再び貧困に捕らえられるだろう。③この貧乏の時期は彼の一番上の子供が稼ぎ始めるまで続くだろう。④子供たちがカネを稼いでいるあいだ、結婚して家を去るまでは、彼は再び「比較的余裕のある生活」を享受することができる。⑤しかし、子供が結婚して家を去るときには、彼は三度目の貧乏状態に転落して、沈み込んでいくのである。シーボームは、労働者の生涯における貧困サイクルの存在を発見したからこそ、国家による社会保障制度の確立を、生涯を通して熱心に要求し続けたのだ。

ロイド＝ジョージと共に

いわゆる「土地問題」が発生するのは、一八七〇年代中頃のことである。これ以後、鉄道と海運における運輸革命が起こり、海外、特に北アメリカ大陸からの輸入穀物の価格が下落した。そのために、イギリスの穀物価格が低下していく。これに対処するために、一方では穀物輸入関税導入を要求する運動が始まるが、他方では自由党ラディカル派が、土地保有構造の変革を通してイギリス農業の再生を図るべきだ、と主張するようになったのである。

土地問題は、その後しばらくは政治問題として取り上げられなかったが、一九〇六年にキャンベル＝バナマン自由党内閣が成立すると、土地問題が脚光を浴びることになった。そして一九〇八年に大蔵大臣に就任したロイド＝ジョージは、土地問題についての新機軸を導入した。彼は、一九〇九年予算案を編成するにあたり、内国歳入庁 Inland Revenue が新たに実施する土地評価を基準として、国税としての土地税を導入することを企画した。これは、その翌年に国会で承認された。

シーボームは、貧困問題の研究をまとめた後、土地・住宅問題についての社会調査を進めていた。ブリッグズによれば、シーボームは父ジョーゼフの提言によって、一九〇六年から土地問題の調査研究を開始した。シーボームは、イギリスばかりでなく、フランス、スイス、ベルギーなどの土地問題について情報を集めようとしたが、まもなく対象をベルギーに絞り、その土地保有と社会問題との関係をイギリスとの比較の上で四年にわたって研究した。その成果は『土地と労働――ベルギーの教訓』と題する大著として、一九一一年に刊行された。

シーボームのこのような活動が、ロイド＝ジョージの眼に留まった。二人が親しく交際を始めるのは一九一二年の夏であり、それ以後シーボームはロイド＝ジョージの下で多様な社会調査を行い、一九三〇年代まで政界と断続的にかかわりを持ち続ける。

農業再生運動を成功させるために、ロイド＝ジョージは個人的な事業として調査委員会を設立した。その委員長にはアーサー・アクランドが任命され、委員会常任委員は全員で七名であった。農村部の土地調査の実質的な責任者はシーボーム・ラウントリーであった。

農村部についての土地問題調査報告書が完成したのち、一九一三年一〇月には「土地キャンペーン」の推進が内閣によって承認された。ロイド＝ジョージの土地政策を宣伝するための運動となった「土地キャンペーン」は、自由党内のラディカル派のみならず同党の保守派の支持をも得て、自由党内部を結束させることになった。また、これによって自由党は、一九一五年の総選挙に向けて、農業労働者の支持を得ることに成功した。

以上のように、ロイド＝ジョージの下での土地問題調査と「土地キャンペーン」は、政治的にはかなりの成功を収めた。しかし、「土地キャンペーン」関係で国会に提出されて成立した法律は、農村労働者住宅を国家が建設することに関する案件だけであった。アイルランド自治法案などの、もっと緊急性の高い法案が他にあったために、土地問題に関する法案は後回しになったのである。そしてさらに、第一次世界大戦の勃発が、政府による土地問題への取り組みを遅らせることになった。

第一次世界大戦は一九一四年六月に始まり。イギリスは八月三日にドイツに対して宣戦布告した。自由党のアスキスは一九一五年五月に連立内閣を組閣したが、この時に、全軍の軍需物資の管理を担当する省庁として軍需省が創設された。その初代大臣にはロイド＝ジョージが就任した。彼は一九一五年一一月にシーボームを軍需省福祉部に招き、翌年一月に彼を軍需省福祉部長に任命した。軍需省福祉部設立の目的は、戦時下の全国各地の工場における労働環境の悪化を食い止め、円滑な工場運営を進めることにあった。シーボーム・ラウントリーは友会徒（クエイカー）でありながらも、主戦派であった。彼はロイド＝ジョージに心酔しており、たとえ軍需省の下であれ、全国の労働者福祉の事業を担当するという仕事の遂行に自らの使命を見出したのであろう。

一九一六年一二月には、自由党内部で政変が起こった。戦争が膠着状態に陥ったので、アスキスはドイツとの和平案を検討し始めていた。これを察知した主戦派のロイド＝ジョージはアスキスを首相の座から追い落とし、自らが首相に就任して、（自由党ロイド＝ジョージ派と統一党の）連立内閣を組閣した。自らが去った後の軍需大臣の席に、ロイド＝ジョージはクリストファー・アディソンを抜擢した。そして、シーボームは福祉部長を辞任して再建委員会の委員に就任した。再建委員会はアスキス内閣の下で発足し、一九一六年一一月末までに五つの報告書を政府に提出していたが、翌年二月に新首相ロイド＝ジョージは再建委員会のメンバーを大幅に入れ替えた。その時にシーボームがこれに加えられたのである。

委員会メンバーは、幾つかの小専門委員団に分かれて、四月からそれぞれのテーマの個別的検討に着手した。そして七月五日にはロイド＝ジョージ再建委員会としての中間報告が発表された。その中では、基幹産業を保護するために強力な保護主義政策を採用すること、国立電力庁による電力供給の管理運営などが提言された。他に検討中の課題として言及されたのは、農業問題、兵士の復員問題、鉱山業問題、戦争従事民間人の復員問題、土地収用の問題、国家による産業規制のあり方、政府委員会の機構の編成、保健省の設立などであった。

住宅問題

シーボームは再建委員会の第四小専門委員団に所属した。第四小専門委員団が取り組んだのは、救貧法の改正と住宅問題であった。この委員団の団長は、統一党の大物政治家で田園都市・都市計画協会の元会長の第四代ソールズベリ侯爵セシルであった。住宅問題について精力的に取り組んだのは、シーボームであった。シーボームは、父の後をついでニュー・イヤーズウィック村落信託財団の理事長に就任していたが、この模範村落建設の経験が彼の住宅問題についての考え方を基礎づけた。ヨークにおける貧困の調査は彼に最悪の居住環境の存在を教えたが、ニュー・イヤーズウィック開発の知識は、実現可能な目標を彼に教えた。彼はニュー・イヤーズウィック建設の経験を通して、「田園都市運動」の本流の中に身をおいていたのだ。

一九一七年五月八日には、シーボームの手になる膨大な覚書が小専門委員団に提出された。バーネットによれば、これは住宅問題についての新しい考え方の結晶であり、住宅問題についてのその後の議論の全体的水準を引き上げた。シーボーム・ラウントリーの覚書の要点は、以下の六つである。

①終戦後一二カ月間に三〇万戸以上の住宅を建設する必要がある。スラムを除去し、農業労働者用住宅の不足を補うという目的ばかりでなく、戦時中の住宅建設の停滞を取り戻すためにも、大規模な住宅建設が必要なのである。

②住宅建設について政府と地方自治体の連携が必要である。政府は地方自治体と協議して、各自治体が建設する住宅の規模を決定しなければならない。

③国家が建設した賃貸住宅については、その所有権を地方自治体に移管して、監督管理を地方自治体に任せるべきである。

④地方自治体による賃貸用住宅の大規模な建設を容易にするために、政府は地方自治体に土地強制収用の権限を与え、建設補助金を支給するべきである。

⑤政府補助金は、終戦直後の異常に高い建設費を基準に算定するのではなく、建設三年後に、その時点での建設費を基にして支給されるべきである。

⑥政府は、建築費の抑制、国の住宅ローン制度を設置するなどの補助的施策を行うべきである。

第四小専門委員団の団長であるソールズベリ卿は、シーボーム・ラウントリーの覚書を高く評価した。しかし、地方自治庁から横槍が入ったので、再建委員会での決議は棚上げとなった。また、ロイド＝ジョージは戦後再建問題の重要性に鑑み、再建委員会とは別に一九一七年七月に再建省を新設し、その担当大臣としてクリストファー・アディソンを選任した。そのために、シーボームが活動していた再建委員会の存在意義は薄れてしまった。

再建省の最初の課題は、復員兵、軍需品生産関係の労働者、その他の戦争関連労働者など数百万人の戦後復員に備えることであった。アディソンはさらに、不況対策のために金融委員会、新産業振興のために工学委員会を設立し、ウィットリー報告の実施のために尽力し、また住宅問題にも精力的に取り組んだ。

一九一八年一一月一一日に第一次大戦が休戦状態に入ったことによって、政府は再建計画を早急に取りまとめる必要に直面した。スウェナートンによれば、政府は、この時イギリスにおいても、ロシアやドイツと同様に、革命が勃発するかもしれない、という恐怖に駆られていた。だからロイド＝ジョージは一一月一二日に早期の総選挙実施を宣言し、「戦争に勝った英雄たちに相応しい住居」を確保することを公約した。これを受けて一二月には、地方自治省大臣に新たに就任したゲディスが、一九一八年三月の再建省案に即した大規模な住宅建設実現のための財政支出を大蔵省に要求して、その説得に成功した。

一九一九年三月に、政府は内閣指名委員会を設置して、住宅法案の最終的検討に入った。六月には保健省が新設されて、アディソンが初代の保健大臣に就任した。そしてついに、住宅建設計画を保健省の管轄下に置く「住宅・都市計画法（通称アディソン法）」が、国会でほとんど満場一致で成立した。現在の住宅事情が、社会的不安の現実的で重大な原因であり、その解決のためには政府の直接的介入が不可欠であるということが、この時までにほとんどすべての国会議員に共通認識として浸透していたのである。「アディソン法」成立以後、労働者階級のための住宅建設は「国家の義務」となったのであり、その意味で、同法の成立はイギリスの住宅建設史上の決定的な転換点となった。シーボームが再建委員会の住宅問題検討委員として提案した理想は、このような複雑な政治過程を経て、ついに実行されることとなったのである。

第一次世界大戦直前の土地調査報告書は、住宅問題の元凶を地主階級の利己心に求めていた。しかし、戦中から戦後にかけての状況の変化によって、自由党はこのような姿勢を変更せざるを得なくなった。まず、戦時食糧危機の打開のために、自由党は地主に対する攻撃をやめて、農業生産性向上を優先せざるを得なくなった。また、一九一八年の第四次選挙法改正によって有権者に対する地主の影響力が弱められた。さらに、終戦直後の土地ブームによって不動産価格が急騰したので、多くの地主が土地を売却した。一九一八年から二一年までの間に、イングランドの土地の約四分の一が所有者を変えた。

以上の理由で、土地問題はもはや、政治の重要な争点ではなくなった。そして住宅不足の問題は、土地問題とは切り離されて、地方自治体が建設すべき住宅の数や、国家による補助金を巡る問題として議論されるようになった。しかも、民間住宅にせよ、公営住宅にせよ、緑豊かな郊外の新築住宅は、十分な間隔を保って建設され、それぞれに裏庭が確保された。一九三〇年代の住宅建設ブームは、新産業の発展とともに、イギリス経済を活性化させたのである。

「事業における人間的要素」

再建省が設立されて再建委員会の意義が無くなったのち、シーボームの関心は労使関係に向かった。

彼はまず一九一九年九月の鉄道ストライキに際して、外部からの労使間調停者として働きかけて、ストライキを短期間で終結させることに成功した。彼はまた、個別企業の経営者として労使関係の改善に取り組んだ。ラウントリーの製菓企業は一八九七年に有限責任会社になったが、この時にシーボームは労務担当の取締役に就任し、以後父ジョーゼフと共に、社内の企業福祉を推進していた。

一九一九年以後、シーボームはラウントリー社の実質的な最高責任者となった。彼の経営理念の柱は、次の二つからなっていた。一本目の柱は、労働者を人間として敬意を持って処遇し、彼らに労働の喜びを実感してもらうこと。二本目の柱は、高賃金を実現するためにビジネスの効率を高めることであった。シーボームは生産性向上のために必要な六つの要素を次のようにまとめている。①周到に計画された組織計画。②効率的な原価システム。③ビジネス・リサーチに基づく前進政策の作成。④工場の科学的レイアウトと生産サービスのプラン。⑤技術研究サービスの運営。⑥労使関係の開明的な処理。

一九二三年にシーボームはラウントリー社の社長に就任し、労務担当取締役を兼務した。また、従来の家族企業的組織を改めて、集権的職能部門制組織を実現した。

シーボームは、ラウントリー社で実践された自分の経営理念を、著作活動や精力的な講演活動を通して、イギリスの経済界に浸透させようとした。まず、一九一八年に刊行された『労働の人間的必要』では、企業内福祉実現のために生産性を高める必要があることを論じ、そのためにはテイラー・システムとは違った意味合いの「科学的管理」が必要であるとした。シーボームは、動作研究や時間研究の意義を認めた。しかし、その基準を経営者が一方的に決めるのではなく、経営者が労働者の代表と共に考え、彼らの同意と了解を得たうえで実行するべきだ、としたのである。シーボームは、また、一九二一年に刊行された『事業における人間的要素』において、労働者の内面的問題に目を向け、労使双方の代表者からなる工場協議会の意義を高く評価して、ラウントリー社におけるその実践の全体像を描いて見せた。

シーボームは、一九一八年に開催された第一回友会徒使用者会議において指導的な役割を果たしたばかりでなく、自ら賃金問題について報告した。彼は、賃金率を決定する場合には基礎的賃金と二次的報酬とを区別するべきだ、という。男性の基礎的賃金は、「彼に結婚を可能にさせ、見苦しくない家に住まわせ、普通の家族が肉体的能力を保つために必須のものを供給し、さらに、不測の事態やリクリエーションのための適度のゆとりをもたせる程度の金額であるべきだ」という。シーボームの算定によれば、一九一八年の物価水準においては、その金額は一週当たり四四シリングであった。

二次的報酬とは、シーボームによれば、「特殊な職務の遂行のために必要な何らかの特別な才能や資格に対して支払われるべき報酬」であり、その正確な金額は現状では労使間の交渉に任せてよい。

もし仮に使用者が適切な賃金を支払えないならば、使用者は機械化や原価計算の導入を進め、経営管理組織を合理化して生産効率を向上させて、適切な賃金の支払いを可能にするべきである、とシーボームは力説する。

シーボームは二回目以後のクエイカー使用者会議には出席せず、代わってラウントリー社の取締役に就任したウィリアム・ウォリスが出席した。シーボームは、もっと広い活動の場を求めたのである。シーボームは、イギリスの経営学の組織的研究を育成することに取り組んだ。

彼はまず、一九一九年に産業福祉協会の創設に深く関わり、一九四〇年から四七年までその会長を務めた。シーボームはまた一九一九年四月にスカーバラで、工場管理者を対象としたレクチャー・スクールを開いた。翌年からはこれは、オックスフォード大学ベイリオル・カレッジの協力を得て、オックスフォード協議会に引き継がれた。一九四八年にイギリス経営研究所に編入されることになるオックスフォード協議会は、L・F・アーウィックによれば「イギリスにおける経営管理の発展を促進した最大の諸要因の一つ」なのであった。

シーボームはまた、これとは別に、大企業における経営管理の諸問題を、その経営管理者たち自身がお互いに検討するための研究会として「経営管理研究グループ・ナンバー・ワン」を一九二七年に創設し、その会長を一九四一年まで務めた。その影響を受けてイギリスでは、翌二八年までに六つの経営研究グループが誕生した。

イギリスの経営学形成期の名著である『経営管理の哲学』（一九二三年）の著者O・シェルドンと『明日の経営管理』（一九三三年）の著者L・F・アーウィックは、共にラウントリー社の役員を務めたことがあり、シーボームの薫陶を受けていた。シーボーム・ラウントリー、エドワード・キャドバリー、そして彼らの周辺で経営管理に携わった経営者たちは、イギリスで人間関係論学派の経営管理思想が受け入れられる土壌を耕したのであった。

4　シーボーム・ラウントリーの企業経営

組織改革

ラウントリー社では、法人化の直後に職能部門制組織が採用されたが、各職能部門の独立性が強かった。シーボームは、まだ社長ではなかったが、全社的な経営効率を高めるために、各部門の管理者の反対を押し切って、一九二〇年に管理組織の中央集権化を図った。同年一〇月には取締役会に直属する六つの委員会（配送、財務、賃金・雇用、管理、販売・広告、購買・工務・建設・不動産の委員会）が設立された。これらの委員会が、その管轄する諸問題についての検討結果を取締役会に提示して、全社的な戦略策定の作業を支援することになった。また、各取締役は財務、サービス、労務、生産、マーケティング、配送といった職能部門を管轄し、それらの職能部門は専門的経営者が管轄する数多くの部局に支えられることになった。ラウントリー社では、このような「集権的」職能部門制組織が一九二一年に確立したのである。

さらに、この新しい組織がよく機能するように、日ごとの業務手続きが中央で細かく規定された。このことによって、業務の重複や混乱が未然に防止され、管理者の責任の範囲が明確化された。この組織にはその後何度か小さな変更が加えられて、一九二九年には［図16］のような組織になった。

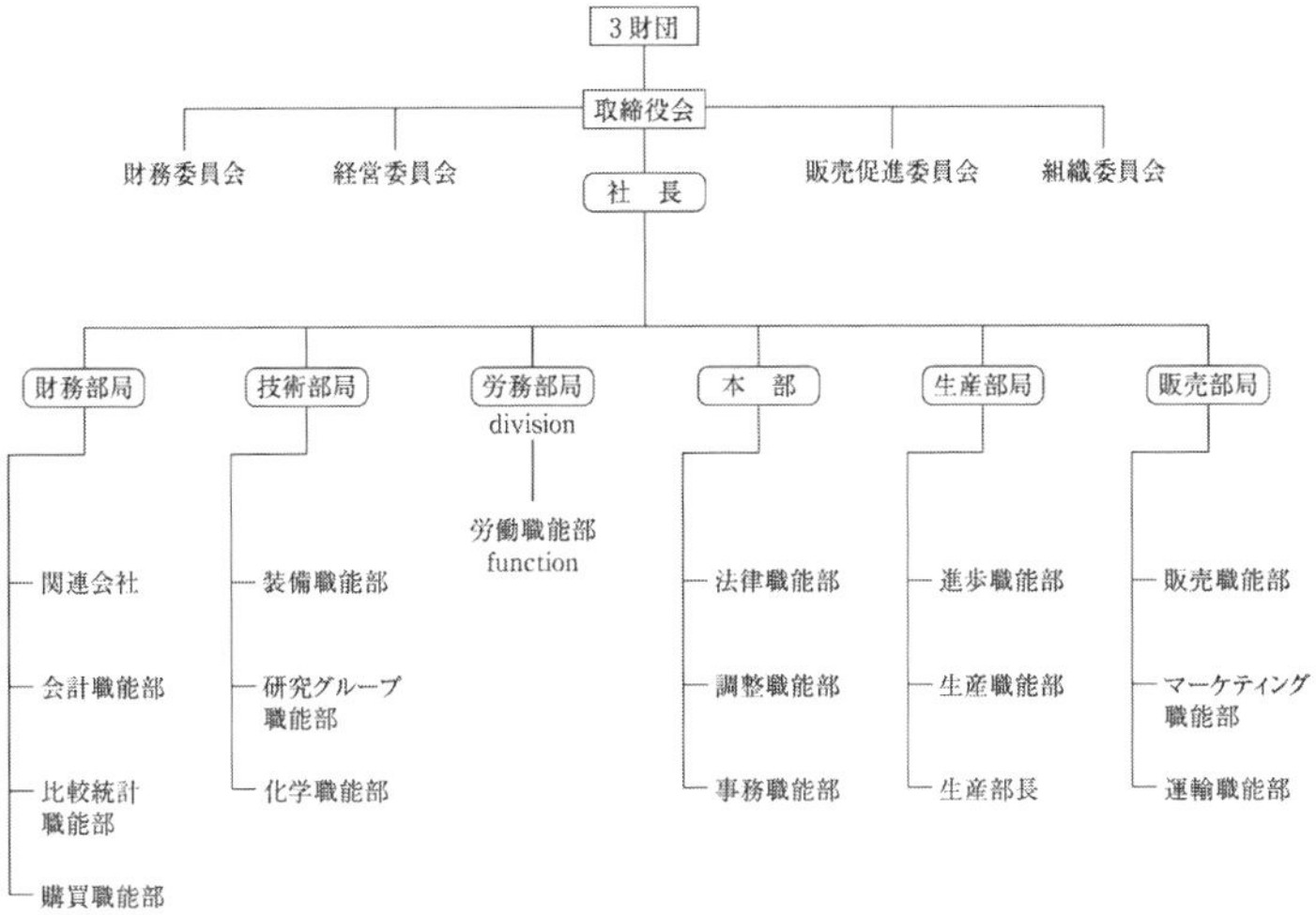

［図 16］ラウントリー社組織略図（1929 年）
〔出典：Fitzgerald, R., 1995, pp.249-251 より作成〕

企業福祉の拡充と「科学的管理法」

一九一〇年以後のイギリスにおける不況と物価騰貴は労働争議の波を引き起こし、一九一〇年から一九一三年までの間にイギリス全体の労働組合員数は、約二六〇万人から約四一〇万人に増加した。ラウントリー社に対しても、労働組合からの働きかけが続き、ついに一九一七年に全国一般労働者組合（ＮＵＧＷ）の支部がラウントリー社の工場内に設立された。労働組合は、会社との交渉権を確保するために、工場協議会に関わることを拒否した。したがって、会社側は工場協議会の審議事項から、労働組合との交渉に委ねられるべき条項を除外した。

ラウントリー社は一九一六年初めに工場協議会の構想を発表し、同年九月にアーモンド・ペースト部門で工場協議会を設立した。工場協議会は毎月一回開催され、ここに労働者側の代表と使用者側の代表が同数出席して、部門内の労働環境、部門内組織、労働規則と規律の維持、改良のための提案などが話し合われた。ラウントリー社では一九一九年には工場協議会が全部門で実施された。

前述のように、政府の諮問委員会によるウィットリー報告が一九一八年に全国的な規模での工場協議会の設立を推奨したので、一九二〇年には業界ごとの合同労使協議会 joint industrial councils が全国で五六も成立していた。しかし、工場協議会についての法律が制定されなかったために、労働者は工場協議会にあまり期待を抱かず、個々の工場レベルで成立された工場協議会は少なかった。キャドバリー社やラウントリー社はその貴重な例外なのであり、両社は工場協議会を通して労使協調を勝ち得た。実際、労働争議が多発した両大戦間期を通じて、両社では労働争議は一度も発生しなかったのである。

第一次世界大戦直後の最大の社会問題は失業問題であった。イギリス政府は一九二〇年に失業保険法を制定し、国家給付をすべての労働者に広げ、失業手当を導入するだけでなく、中央の制度の枠内で認可組合を機能させた。ラウントリー社も、正規従業員の復員に伴う非正規従業員の解雇に関して、約一万ポンドからなる失業保険計画を実施した。しかし、戦後不況と労働運動の高揚に直面して、シーボームは社内での労務政策の完成を急いだ。それらの中で特に注目に値するのは、労働組合の協力を得て「時間研究」を中心とする「科学的管理」が実施されたことである。

シーボーム・ラウントリーが導入した「科学的管理」は生産効率の最大化を目指し、時間研究や動作研究を取り入れた点では、合衆国で生まれた有名なテイラー・システムと何ら変わらない。しかし

「キリスト教学」の探究

安酸敏眞 ✣著　北海学園大学学長

「キリスト教学」と「神学」はいかなる関係にあるのか
「キリスト教学」と「神学」の原理的相違を明確に示し、
さまざまな思想家の思想の特質を考察するとい
学の再構築の必要性を説く集大成的論集。

コヘレト

小友

荒

歴史

張する

して語ら

N.T.ライト新約聖書講解 2

すべての人のためのマタイ

N.T.ライト ✣著　英国の新約聖書学者

井出　新 ✣訳　慶應義塾大学教授

「来たるべき時代」の生き方とは何か？
マタイ福音書後半部が描くイスラエルのメシ
ス像。マタイが伝えようとした神の王国の到来と
た者のあるべき姿とは？　時代背景を平易に解説
代に向けて生き生きと福音を語るシリーズ第四弾。

使徒信条の歴史

本城仰太 ✣著　東京神学大学常勤講師、

使徒信条はどのように成立し、用いられ
基本信条として、教派を超えて用いられてい
の聖書的起源と歴史的展開を最新の研究から
初学者に向けた、待望の使徒信条成立史入門！

●定価1,980円

湯浅八郎の留学経験

アメリカにおけるキリスト教国際主義との出会いとその影響

辻　直人 ✣著　和光大学教授

日本の教育史への変革を生み出した異文化体験

同志社総長・ICU学長を務めた教育者・湯浅八郎。約16年に及ぶ欧米での留学生活は、彼の国際感覚にどのような影響を及ぼしたのか。新発見の史料から留学の様子を明らかにしつつ、湯浅の生涯と思想形成を辿る研究。

●定価4,070

民芸の心〔新装和英版〕

湯浅八郎 ✣述　国際基督教大学初代学長（1

田中文雄 ✣編　元湯浅八郎記念館館長（19

国際基督教大学博物館湯浅八郎記

「世界の心につなげられた日本の魂」
——村上陽一郎氏（科学史家、科学哲学者）推薦！

教育者としての働きの一方、民芸品の蒐集家でもあった湯浅八郎が、晩年 ICU で語った民芸講義に英語訳を付し新装刊行。カラー図版には、湯浅八郎記念館の収蔵品を多数収録！

●定価2,200円　3月刊行

本のご注文は、お近くの書店にお申し付けください。
小社に直接ご注文の場合には、e-shop教文館（https://shop-kyobunkwan.com/）
キリスト教書部（Tel: 03-3561-8448）へどうぞ。　●価格は10%税込表示《呈・図書目録》

配給元：日キ販

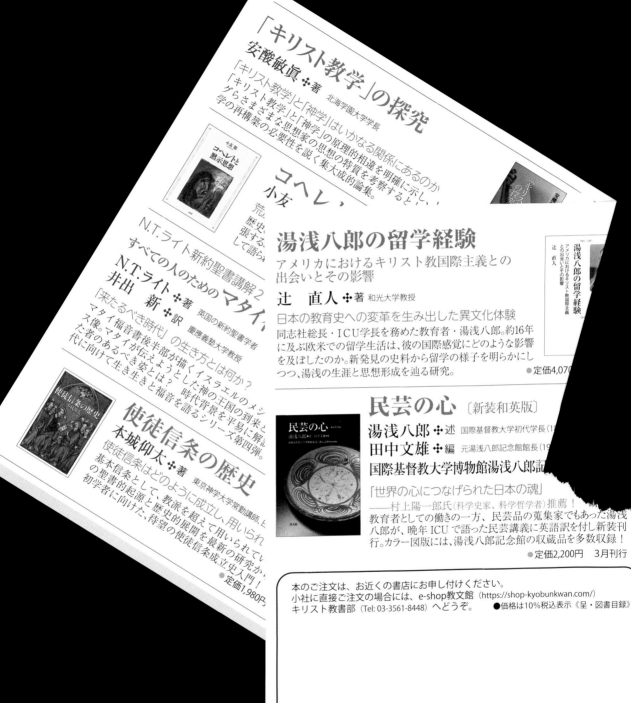

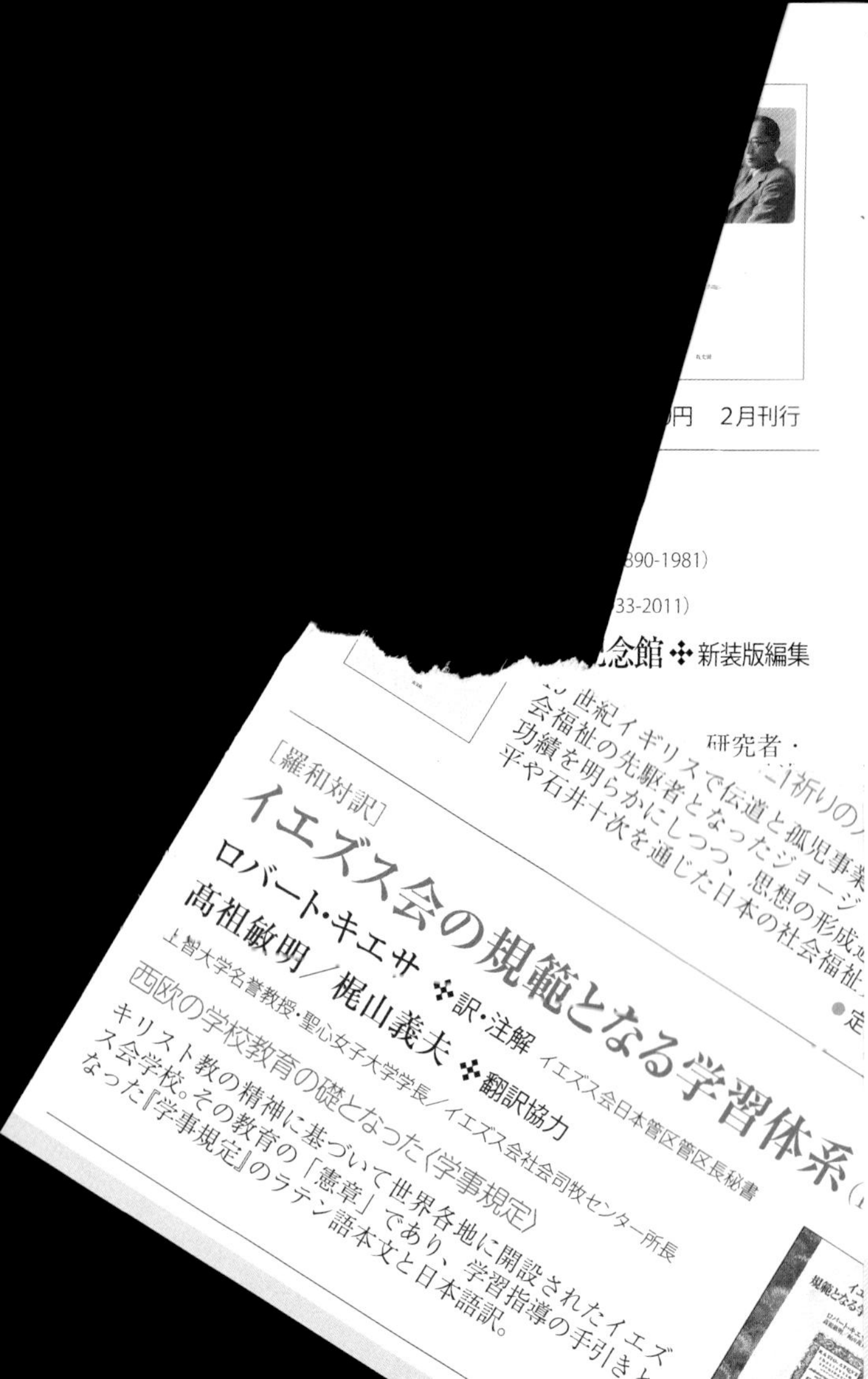
円　2月刊行
890-1981)
33-2011)
念館 ✣ 新装版編集
世紀イギリスで伝道と孤児事業
会福祉の先駆者となったジョージ
功績を明らかにしつつ、思想の形成
平や石井十次を通じた日本の社会福祉
研究者・
[羅和対訳]
イエズス会の規範となる学習体系
ロバート・キエサ ✣訳・注解 イエズス会日本管区管区長秘書
髙祖敏明／梶山義夫 ✣翻訳協力
上智大学名誉教授・聖心女子大学学長／イエズス会社会司牧センター所長
西欧の学校教育の礎となった〈学事規定〉
キリスト教の精神に基づいて世界各地に開設されたイエズス会学校。その教育の「憲章」であり、学習指導の手引きとなった『学事規定』のラテン語本文と日本語訳。

ラウントリー社の場合には、「事業における人間的要素」が重視された。シーボームは、労働の最良の方法や標準生産量は客観的に決定できないのであり、多分に主観的だと認識した。だから、それらは労使間の合意に基づかなければならない、と彼は考えた。例えば各作業の標準時間については、使用者側と労働組合側の代表者の監視の下でテストが繰り返されて、最終合意が得られた。こうして一九二四年一〇月には、労働組合の合意を得て、すべての工程段階で標準実践指示票が作成され、各部門での標準生産量が確定した。

シーボームは、科学的管理の導入に伴って、利潤共有制を導入した。職場での作業方法の管理が強化されるならば、利潤の幾分かは労働者に分け与えられるべきだ、と考えたのである。ただし、一九二〇年代においてラウントリー社の売上高は低迷したので、利潤分配額は極めてささやかな額に留まった。

ラウントリー社の苦境

以上のように、シーボームの指揮下で、ラウントリー社は労務管理、経営管理と生産効率、そして経営組織が見直された。これらについては、ラウントリー社は当時のイギリスで最も先進的な経営実践を行っていた。ところが、肝心の製品戦略は迷走を続け、マーケティングと販売については有効な方法を見出すことができなかった。利益率の高いチョコレートについて言うと、一九二二年のラウントリー社の各種のミルクチョコレートの総売上高は、キャドバリー社のそれの約二〇分の一にすぎなかった。ラウントリー社の利潤の大部分は依然として「フルーツ・パスティーユ」からもたらされていた。この状況を打破するために、シーボームは一九二二年以後、売れ筋商品を求めて、チョコレートの新製品を次々に開発して市場に投入したが、ほとんど成果が見られなかった。

この苦境を乗り越えるためには、何らかの新機軸が必要であった。その選択肢の一つは、新たな海外市場の開拓であった。シーボームが遠い日本の森永製菓からの招待を受け入れて一九二四年秋に日本に約一カ月滞在したのは、このような状況においてであった。

シーボームはイギリス領事、リーバ・ブラザーズ日本支社の専務取締役、渋沢栄一子爵、日本銀行総裁などに会い、森永の五工場（芝田町、大崎、大阪、塚口、建設中の鶴見）を含む多くの工場を視察した。そして森永製菓の松崎半三郎専務と頻繁に商談を重ねて、森永製菓との資本提携の企画を本社に持ち帰った。これは、森永製菓の株式の四〇%、当時の日本円にして六〇〇〇万円分を出資して、自社の製品ラインを日本で展開する、というものであった。しかし、日本市場は取締役たちにとって未知であったので、森永への投資について取締役会の意見は真っ二つに割れた。そこで、この企画は実現しなかった。

当時の森永製菓は事業の急激な拡張政策を採り、シーボームの来日の半年前には公称資本金三〇〇〇万円を一挙に一五〇〇〇万円に増大していた。しかし、この増資は誤った楽観的な市場予測に基づくものであり、数年後には森永製菓は大幅な減資を実行せざるを得なくなる。したがって、リスクを回避したラウントリー社の選択は正しかったのである。

ラウントリー社は、合衆国では一九二四年にフルーツ味のガムをCHUFRUSと名付けて販売開始したが、失敗して、二六年にアメリカ合衆国市場から撤退した。カナダではトロントのコウワンズ社を買収してココア生産などを行ったが、この事業も不振を極めた。結局のところ、一九二〇年代におけるラウントリー社の海外市場進出の試みは、すべて失敗に終わった。

第四章　世界恐慌以後（一九二九〜四五年）

1　社会的・政治的背景

世界恐慌から第二次世界大戦までのイギリスの政治

一九二九年に始まる世界恐慌の下で、イギリスの貿易額と貿易外収入が激減し、失業者数は二五〇万人を超えた。ファインステインの推計によれば、イギリスの失業率は一九三一年に一五・一%、一九三二年には一五・六%に達したが、次第に回復して一九三九年には五・八%にまで回復する。一九二九年に成立した労働党政権は、財政危機を克服するために、一九三一年に失業手当の一〇%切り下げを含む緊縮財政政策を採用した。これに対して労働者の激しい反発が起こり、労働党内閣は倒れ、保守党を中心とする挙国一致内閣が成立した。挙国一致内閣は同年九月に金本位制からの再離脱を決定した。さらに、翌一九三二年二月には従来の自由貿易体制を改めて保護貿易体制を採用した。そして同年七月からカナダのオタワで開催された帝国経済会議において帝国特恵体制を実現させた。またその後、スターリング・ブロックの拡大を急いだ。金本位制からの離脱と保護貿易体制の採用は、イギリスが世界経済のリーダーの座から降りたことを意味した。だが、それらはイギリス帝国内へのイギリス工業製品の輸出と、そこからのイギリスへの安い食料と工業製品の輸入を確保し、帝国外の地域からの工業製品の流入をある程度抑える役割を果たした。

一九三五年六月にマクドナルドは辞任し、保守党のボールドウィンが挙国一致政府の首相になった。同年一一月の総選挙でも保守党が勝利した。ボールドウィンは一九三七年に首相の座をネヴィル・チェンバレンに譲った。ヨーロッパ大陸では一九三四年にドイツでヒットラー総統のナチス政権が成立し、一九三六年一〇月にはベルリン＝ローマ枢軸が結成された。チェンバレンはドイツ、イタリア、日本のファシズム政権の対外膨張政策に対して「融和政策」で臨み、戦争の回避を追求した。しかし、ナチス・ドイツがポーランドに侵攻するに及んで、一九三九年九月にフランスと共にドイツに宣戦布告した。イギリスでは、すでに戦争が始まる前に徴兵制が施行され、戦争が始まると速やかに戦時統制体制が構築された。

一九四〇年五月には保守党のウィンストン・チャーチルが首相に就任して挙国一致内閣を率いた。彼は、この戦争を「ファシズムに対する民主主義の戦い」と位置づけ、国内的には労働者階級の支持を取り付け、対外的にはソビエト連邦およびアメリカ合衆国と緊密な連携をとって、戦いを指導した。大多数の国民は、この戦争が終わった後に、より良い社会が到来することを期待して、積極的に戦争に協力した。政府の下で設立された「社会保障と関連サービスについての委員会」の報告（通称「ベヴァリッジ報告」）が一九四二年一二月に公表されると、多くの国民が熱狂的にこれを歓迎した。それは戦後の「ゆりかごから墓場まで」の社会福祉制度の青写真ともいうべきものであった。

一九三〇年代のイギリスの産業と企業

一九二〇年代に顕在化したイギリスの旧産業の衰退は、一九三〇年代にはさらに進行した。失業率も旧産業が立地する北部において深刻であった。旧産業の諸企業においては合理化が必須となったが、これについては政府の介入が積極的に行われた。また、金融界も従来の方針を改めて、積極的に国内投資に乗り出した。一九二九年にはイングランド銀行の支援の下に、ロンドン金融街の諸銀行が参加して産業開発金融会社を設立した。こうして綿工業では、例えば一九二九年から三二年にかけて産業開発金融会社の支援の下に、九六の企業が合併してランカシャー・コットン・コーポレーションが成立し、多数の工場の閉鎖、過剰設備の廃棄、経営陣の入れ替えが行われた。また鉄鋼業では、この時期にヴィッカーズ社がイングランド銀行の支援の下に、アームストロング社、キャメル・レアード社などと資本提携して造船から鉄鋼までの垂直統合を果たした。しかし旧産業の衰退は、これをもってしても、食い止められなかった。

他方、新産業は順調に発展した。しかも一九三二年から三七年には空前の住宅建設のブームが訪れた。一九三九年にはイギリスには約一二〇〇万戸の住宅が存在したが、その三分の一に相当する四〇〇万戸は両大戦間期に建設され、その内の約三〇〇万戸は民間業者の手になる建売住宅だった。新産業と住宅産業の発展がイギリスの工業生産の発展を後押ししたのである。オールドクロフトとリチャードソンの推計によれば、一九三〇年代の工業生産年平均成長率は約三・二%であり、それは第一次世界大戦以前の一〇年間の平均値の二倍であった。また、食糧などの生活必需品の物価が低落したために、ボウリーの推計によれば、実質賃金率は一九三〇年代を通して一九一四年のそれの一・三倍前後を維持した。いまやイギリス南部の中流階級と熟練労働者の多くは、都市郊外の持ち家住宅に住んで、豊かで快適な生活を享受するようになっていた。このように、両大戦間期のイギリスは北部の旧基幹産業の衰退という暗い側面を持ちながらも、全体的には緩やかに経済成長したのである。

2　一九三〇年代イギリスの社会経済とシーボーム・ラウントリー

シーボーム・ラウントリーと社会問題

シーボーム・ラウントリーは一九一九年以後ラウントリー社の実質的な最高責任者となり、二三年には社長に就任したのだから、会社経営の多忙な日々を送っていた。しかしさまざまな社会問題を改善しようとする彼の意欲は、それ以後も衰えることはなかった。

シーボームは一九二四年以後、再びロイド＝ジョージを中心とする社会問題研究グループに入って活躍する。このグループでイニシアティヴを握ったのは、経済学者ジョン・メイナード・ケインズであった。このグループがまとめて一九二五年に刊行した『土地と国民』（通称『グリーン・ブック』）は、国家が一定の土地を買い上げて、固定地代で借地農に貸与するという企画を提唱した。また一九二八年に刊行された『イギリスの産業の未来』（通称『イエロー・ブック』）は自由放任主義の放棄を唱えた。そして、政府が全国投資局を創設し、住宅建設、道路建設、農業振興などに大規模な公共投資を行い、それによって失業問題を解決するべきことを説いた。

この年にロイド＝ジョージは失業問題の解決を公約して、シーボームやケインズを含む専門家グループを立ち上げた。彼らは『イエロー・ブック』の主張を踏まえて、翌年の総選挙に『我われは失業を克服できる』（通称『オレンジ・ブック』）と題する選挙綱領を刊行した。これは三四万部も売れたが、自由党は敗北して労働党政権が成立した。世界恐慌発生後の一九三〇年には、ロイド＝ジョージは同じ研究グループの検討を踏まえて『失業問題にいかに取り組むか』（一九三〇年）を公表した。失業対策として政府が公共事業を推進するべきことが説かれたが、その中心には失業者の農村移住政策が置かれた。

しかしシーボーム・ラウントリーは、一九三五年についにロイド＝ジョージと決別した。ブリッグズによれば、シーボームはロイド＝ジョージが同年に公表した「バンガー・プログラム」（イギリス版ニュー・ディール）において、社会調査の学問的成果を政治的目的のために換骨奪胎して利用したことに我慢がならなかったのである。

一九三四年にシーボームはウォルドルフ・アスター伯と共同で、農業経済の専門家六名を加えて、イギリスの農業事情を調査する超党派的委員会を立ち上げていた。その目的は、失業者を農村に移住させて小土地所有者として育てる可能性を探ることにあった。この共同研究の成果である『農業のジレンマ』（一九三五年）は、その可能性が極めて低いことを明らかにした。次に彼らは、農民代表の数名の有識者の助力を得て、イギリスの農業の将来性についての研究を続け、『イギリスの農業』

（一九三八年）をまとめた。そこでの提言のポイントは、イギリスの農業を再構築する必要性と、農業経営の効率化であった。著者たちが推奨するのは、将来性が見込まれる酪農業の推進、とりわけ国民の健康増進のための牛乳生産の増進である。彼らは、そのために政府が牛乳マーケティング庁を設置するべきだと提言した。また著者たちは、政府が土地改良委員会を全国各地に設置して、最適効率で農民が農業経営を行えるよう誘導するべきだ、とも提言した。

シーボーム・ラウントリーのこの時期の社会問題への取り組みのうちで最も重要なのは、一九四一年の『貧困と進歩』の刊行である。これは第二次のヨークでの貧困調査の結果をまとめ、その上で幾つかの提言を行ったものである。第二次貧困調査は一九三六年から開始された。第一次と同じように、年収二五〇ポンド以下の所得の労働者世帯を全戸、調査員が訪問調査してデータを収集した。その結果、貧困の状況が一八九九年よりも改善していることがわかった。一八九九年にはヨークの住人の約一七％が第一次貧困の状態にあったが、一九三六年には労働者階級の六・八％だけがこの状態にあった。この改善の原因は家族規模の縮小、実質賃金の増加、社会サービスの改善、住宅供給の進展、健康状況の改善に求められる。他方で、第一次貧困の状況が残存している原因は失業率の高さに求められた。

しかし、シーボームはこの改善状況に満足してはならないという。ここで彼は一九〇一年に第二次貧困をもって「貧困線」を引いたことを誤りだと認め、新たな「貧困線」の概念を提示する。これは、食費、被服費、光熱費、生活維持費、余裕費を積み上げたものである。このうちの余裕費とは、交通通信費、教育教養費、娯楽交際費、セイフティー・ネット費である。シーボームは、それらが新たに

「人間的必要」費に含まれるべきだとした。この基準によれば、一九三六年のヨークにおける「人間的必要」費は週四三シリング六ペンスとなり、それ以下の収入の「貧困」世帯は実に三一％に上るのである。

この貧困の原因は、第一に失業、第二に多児、第三に老齢である。家族の主たる稼ぎ手が失業している状態が、困窮の根本原因であることは、言うまでもない。これに対する対策は、現在のところ有効ではない。また、たくさんの子供を抱えている世帯は、子供が働きに出る年齢に達するまでは困窮の中で暮らすことになる。したがって適切な児童手当が必要である。さらに、一八九九年より高齢化が進んでいる状況で、多くの老人が過少な老齢年金と高額な家賃で苦しんでいる。シーボームは、これらの改善を中央と地方の行政当局に求める。

シーボームはまず、児童手当の導入について動き出した。彼は、三人以上の子供を持つ家庭に、子供一人当たり週五シリングの手当を支給するべきだ、と考えた。彼はこの家族手当の支給を、「経営管理研究グループ・ナンバー・ワン」を通して個々の企業に突き付けた。その結果一九四〇年には、ラウントリー社を含めて全国で一〇の企業が家族手当の支給を行うようになった。しかしシーボームは、家族手当は本来、企業ではなく、国家が行うべきものだと考えていた。他方、社会活動家エレノア・ラスボーンはシーボームの一八九九年の第一回ヨーク貧困調査から家族手当の必要性を読み取り、家族支援協会や児童最低生活保障協議会といったボランティア団体の活動を通して世論を喚起し、失業保険法廷委員会や失業補助局といった行政機関に働きかけていた。彼らの活動は、政府官僚たちに大きな影響を与えた。

また、ベヴァリッジはシーボームの『貧困と進歩』を読んで、感銘を受けた。こうして、一九四一年に政府の下で「社会保険および関連サービスに関する委員会」（通称ベヴァリッジ委員会）が発足すると、シーボーム・ラウントリーは、その「最低生活費小委員会」のメンバーに加えられた。一九四二年一二月に刊行された『ベヴァリッジ報告』では、児童手当が社会保障政策の基礎として明記された。その後の議論を経て、児童手当案は一九四五年に、ついに「家族手当法」として成立したのである。

篤志家と社会改良家

ところで、シーボームは一九三六年にナフィールド財団の理事にも就任し、イギリス北部の産業衰退地域の雇用と社会状態を改善する問題を担当することになった。この財団はナフィールド伯爵が創設したものであり、ナフィールド伯爵とは、実はイギリスの自動車王ウィリアム・リチャード・モリス（一八七七〜一九六三年）なのであった。彼は偉大な篤志家であり、オックスフォード大学にナフィールド・カレッジを寄贈し、イギリス共済組合協会計画を設立するなど、医療、学問、社会の分野で多額の寄付を行った。彼の遺産額は三二五万ポンドを超えたが、彼が生涯に提供した寄付金の総額は約三〇〇〇万ポンドにのぼった。イギリスでは一〇〇万ポンド以上の個人資産を持つ人が「ミリオネア（億万長者）」と呼ばれるが、モリスはこの基準をはるかに超えていた。ちなみに、ジョージ・キャドバリーの遺産総額は約一〇七万ポンド、ジョーゼフ・ラウントリーのそれは約二二万ポンド、シーボーム・ラウントリーのそれは約九万ポンドであった。モリスは、その莫大な富と慈善行為によって爵位を得た。モリスの慈善行為は、彼の企業経営とどのような関係があるのだろうか。
ウィリアム・モリスは貧しい農民の子として生まれ、オックスフォードで育ったが、一五歳で自転車屋に徒弟に出された。一六歳で自立して自転車修理業を始め、自転車製造からオートバイ製造を経て、二六歳で自動車修理企業を創業した。そしてついに三六歳で自動車の製造業を開始した。部品はすべて外注し、それらを組み立てて自動車を製造するという方式を採った。彼はイギリスの実情に合わせて、小型車を低価格で消費者に提供する経営戦略を立てた。一九一〇年代の有利な市場環境の中でモリス・モーター社は急成長し、イギリス最大の自動車メーカーになった。彼は大衆の需要の性質を読み取ることに長けており、全国的な代理店網を構築し、割賦販売を推進した。一九二六年には関連事業を統合して、資本金五〇〇万ポンドの公開株式会社モリス・モーターズ社を設立した。五〇〇万株のうちの二〇〇万株が議決権のある普通株であった。モリスが普通株のすべてを保有し、ワンマン経営を続けた。彼は事業の拡大のために利潤の再投資を繰り返し、事業は雪だるま式に成長を続けた。一九三〇年代にはモリスは最新鋭の工場を建設して、アメリカ合衆国のフォード生産方式を導入した。互換性部品を利用した流れ作業の少品種大量生産方式である。

しかしジョベリーによれば、モリスの経営には二つの弱点があった。一つは、会社の規模が巨大になり、管理業務が複雑になったにもかかわらず、モリスがワンマン経営を続けたことである。そのために、経営環境への対応が不適切になりがちだった。もう一つは人事・労務政策の不備である。モリスは比較的高い水準の賃金を支給したが、労働組合との交渉を完全に拒否し続けた。この意味で、彼はシーボーム・ラウントリーやエドワード・キャドバリーなどと異なっていた。モリスはヘンリー・フォードに倣って、テイラー・システムをそのまま工場に導入した。また、部品納入企業に対してもテイラー・システムの導入を要請し、企業が導入を断ると、その企業を強引に買収してテイラー・システムを導入した。彼は、勝手気ままに従業員を雇用し、解雇したと言われる。またモリスは、企業内福祉について考慮することがなかった。この意味で、彼はウィリアム・リーバのような家父長主義企業家とも異なっていた。

こうしてみると、ウィリアム・モリスの慈善事業への情熱は、家父長主義者のそれとも、企業フィランソロピストのそれとも、性質の異なるものであったように思われる。要するに、彼の慈善事業への情熱は、名誉欲に突き動かされたものだったのだ。その意味で、彼の慈善行為は、むしろアメリカ合衆国の石油王ジョン・ロックフェラーや鉄鋼王アンドリュー・カーネギーのようなアメリカ型の篤志家のそれと同じタイプであった。しかし、それにしても、新産業の旗手であったモリスがその桁外れの慈善行為によって爵位を得、彼が設立した財団において、企業フィランソロピストであり社会改良家であったシーボーム・ラウントリーが、衰退する旧産業の立地する地域の人々を救済するために頭をひねったというのは、いかにもイギリス的な、面白い構図ではないだろうか。

3　キャドバリー社の躍進とラウントリー社のマーケティング革命

イギリスの菓子生産量は、一九二〇年には第一次世界大戦前の水準に戻り、両大戦間期には急激に増加した。一九二〇年から一九三八年までの間に、菓子の年間生産量は二九万五〇〇〇トンから四八万一〇〇〇トンに、一週間の一人当たり菓子消費量は四・七オンス（約一三三グラム）から七・一オンス（約二〇一グラム）に増加した。特にチョコレートの年間生産量は、約一一万トンから約二二万二〇〇〇トンに倍増した。これは消費者需要の増加によるものだが、逆の側面から見ると、製菓企業が大量生産によって良品を低価格で提供し、商品への需要を生み出したからでもあった。両大戦間期は失業者の割合の高かった時期であるが、菓子やチョコレートは単価が安いので、その販売額は失業率の高さからは影響を受けなかったのである。

一九三〇年代には、外国の製菓企業のイギリス市場への進出も活発であった。スイスに本拠を置くネスレ社は一九二九年にペーター・カイエ・ケーラー社と完全統合してチョコレート生産を本格的に展開し、一九三〇年代にイギリスでも大いに販売額を伸ばした。また、アメリカ合衆国出身のフォレスト・マーズが一九三三年にロンドン近郊のスラウに工場を建設した。そこで生産された「マーズ・バー」は爆発的に売れて、イギリス・マーズ社は瞬く間にイギリス第三位の菓子メーカーになった。

他方、イギリス製品の海外輸出は困難になった。それは両大戦間期に諸外国の政府が国内産業を保護するために、輸入品に高率関税をかけたからである。したがって、イギリス菓子メーカーは、海外で合弁企業を設立し、あるいは単独で工場を建設するという戦略を採らざるを得なくなった。このような状況の中で、キャドバリー社とラウントリー社は、それぞれに異なった経営戦略を展開した。

キャドバリー社の発展と経営戦略

キャドバリー社では一九三二年に持株会社ＢＣＣ社長のバロウ・キャドバリーが引退し、一九三七年にはキャドバリー社社長のウィリアム・キャドバリーが引退した。そしていずれの社長職もエドワード・キャドバリーによって引き継がれた。エドワードは一九四三年末をもって両社の社長職を辞し、後任にはローレンス・キャドバリーが就いた。

キャドバリー社は一九二〇年代に、少品種大量生産の体制を確立し、原料調達組織と製品流通機構の革新、海外直接投資の展開を推進して、イギリス帝国内のチョコレート・カカオ市場を制覇したが、一九三〇年代においてもこの路線を推進した。これを主導したのはローレンス・キャドバリーであった。彼は、その推進のために一九三〇年代には巨大な新工場の建設に着手した。旧工場の大半の施設が廃棄されて、最新の大量生産設備を備えた五階（一部六階）建てのボーンヴィルの新工場が一九三五年に完成した。これによって、チョコレートの流し型から包装までの全工程が完全自動化された。一九三〇年代末にはこの工場で一日に一〇〇万本の「デアリー・ミルク」と二〇〇万箱のチョコレート詰め合わせが生産され、「デアリー・ミルク」

［図 17］第一次世界大戦期のローレンス・キャドバリー
〔出典：Cadbury, D., 2010, p.230〕

の価格は七〇%もカットされた。こうしてキャドバリー社は、イギリス人好みのココアとチョコレートを大量生産によって低価格で提供する体制を完成した。

キャドバリー家の人々の慈善事業

リチャード・キャドバリーとジョージ・キャドバリーの息子たちは、父親たちのフィランソロピーの事業を継承して発展させるばかりでなく、自らも新たなフィランソロピー事業を展開していった。

バロウ・キャドバリーは一八七八年（一六歳）から地域の成人学校で教え始めていたが、父リチャードの死後はモウズリー・ロード成人学校の運営を引き継いだ。その後、成人教育の国際機関で指導的な役割を果たした。妻ジェラルディンはバーミンガムの治安判事を務めていたが、バロウは一九二八年に妻と共に、少年・少女犯罪者の更生を容易にする目的で、バーミンガム市に少年・少女用の特別法廷と特別拘置所を寄贈した。また、ジェラルディンが一九四一年に死去すると、自分が所有するキャドバリー社の株式の大半を使って「バロウ・アンド・ジェラルディン・S・キャドバリー信託財団」を設立した。この信託財団の活動の目的は、国際平和、社会改良および海外宣教のための研究と事業を推進することにあった。

リチャード・キャドバリーの次男ウィリアム・キャドバリーは、一九一一年にバーミンガム市会議員になり、一九一九年から二一年まで市長を務めた。市の公衆衛生委員会議長およびバーミンガム病院協議会議長として、エリザベス女王病院センターを設立するなど、市の福祉事業を推進した。彼はまた、バーミンガム市の南側に広大なグリーンベルトを保存するための土地買収事業を指導した。さらに、第一次世界大戦によって荒廃した地域のためのバーミンガム救済基金信託財団を自らの寄付金によって創設した。ウィリアムは、児童救済信託財団やヨーロッパ飢饉対策信託財団にも多額の寄付を行った。

ジョージ・キャドバリーの長男エドワードがキャドバリー社における社内福祉を先導したこと、彼が従業員の労働組合への加盟を奨励したこと、そして老齢年金同盟で活躍したことについては、すでに第二章第二節で述べた。エドワードはまた、一九〇三年から三〇年までデイリー・ニューズ社の役員を務め、一九一三年にはバーミンガム大学の終身理事に就任した。

その弟ジョージ・キャドバリー・ジュニアがキャドバリー社の製品開発を担当して、チョコレートとココアのブランドを確立したことも、先述した。ジョージ・ジュニアは父親がボーンヴィル村落信託財団を一九〇〇年に設立した時にも、また、デイリー・ニューズ・トラストを一九一一年に設立した時にも、最初の信託財団管財人になった。ジョージ・ジュニアはまた、一九一一年以後バーミンガム市会議員として、特に都市計画の立案において活躍し、一九一五年には『都市計画』を著した。

エドワード・キャドバリーとジョージ・ジュニアは共同で、キリスト教の他の諸宗派による神学研究と宣教師育成のための教育機関を、ウッドブルック・カレッジの近隣に誘致するために努力した。これはセリー・オウク・カレッジズと呼ばれる。また、二人は共同でボーンヴィルに近いリッキー・ヒルの二〇〇エーカーの土地をバーミンガム市に寄贈し、ブロムズ・グローブの近くのチャドウィック・マナーの四〇〇エーカーの土地をナショナル・トラストに寄贈した。

エドワードたちの腹違いの弟であるローレンス・キャドバリーは一九二二年にデイリー・ニューズ社の理事になり、一九三〇年から六〇年までその社長を務めた。また、長期にわたってバーミンガム大学の理事を務めて、一九七〇年には同大学から名誉法学博士号を与えられた。さらにボーンヴィル村落信託財団の理事長を一九五四年から七八年まで務めた。彼はボーンヴィル村落信託財団の理事長として、バーミンガム市当局および政府と共同でバーミンガム近郊の住宅建設計画を推進した。

ラウントリー社の組織と人事制度の変革

一九二三年にラウントリー社の社長に就任したシーボーム・ラウントリーは、製菓業の経営と政治・社会問題研究という二方面の活動を精力的に遂行した。しかし、製菓企業の経営の回復の手掛りは摑めなかった。すでに見たように、ラウントリー社の海外直接投資の企てはすべて失敗に終わった。当時のイギリスで最先端の経営管理組織を構築し、最良の労務管理を実践したにもかかわらず、ラウントリー社の売上高は一九二〇年の約五一〇万ポンドから、一九三〇年の二九〇万ポンドに落ち込んだ。ラウントリー社は一九二〇年代に、儲けの多いチョコレート部門においてキャドバリー社に敗北し続けた。同社の一九二八年の利潤の四分の三は「フルーツ・パスティーユ」からもたらされていた。そして、ラウントリー社の利潤総額は減少を続けた。ラウントリー社には何らかの抜本的な改革が必要となった。

シーボームは、まず一九三一年に本社組織を改編した。三四年間続いた取締役会を解散し、主要業務に集中するヨーク役員会York Boardとその他の業務全般を管理する全般役員会General Boardを新たに設立した。ヨーク役員会の成員はすべて執行役員とし、六五歳定年制を設けた。また役員は、ラウントリー家の家族であるとか長期勤続者であるとかの基準ではなく、能力主義で選ばれるべきことが確認された。そこで、旧役員のうちシーボームを除く三名の役員、つまり、スティーヴンスン・ラウントリー、アーノルド・ラウントリー、そしてフランク・ラウントリーが役員を引退した。また、シーボームの息子たちは経営者としての能力を持っていなかったので、ついに役員には選ばれなかった。したがって、ラウントリー社は一九三〇年代前半に「企業者企業」から「経営者企業」に変化したのである。

ラウントリー社のマーケティング革命

一九三一年の組織変革の一環としてラウントリー社は、マーケティング部に配送部を統合してF・フライヤーをその取締役に就け、チョコレートの担当責任者にはジョージ・ハリスを登用した。そして新たなマーケティング部には製品開発、価格設定、広告、販売・利潤予測について取締役会に対して提言を行う役割を与えた。全製品の調整、販売、開発にマーケティング部が単独で全般的な責任を持つという考え方が、ラウントリー社で一九三一年になって初めて採用されたのであった。これがフィッツジェラルドの言うラウントリー社の「マーケティング革命」の発端である。

チョコレート製品開発を担当したジョージ・ハリスは、ラウントリー社の組織が迅速な意思決定を難しくしている点を批判した。ハリスは一八九五年生まれ、二三歳で陸軍少佐になり、フランク・ラウントリーの娘フリーデと結婚した人物であった。彼は、ラウントリー社の品質研究グループの事務局長やアメリカ合衆国でのガムの新規販売事業などの経験から、高品質ブランド製品の構築を追求した。また、合衆国で始まったマーケット・リサーチを導入するために、合衆国のJ・W・トムソン社を広告代理店とすることを推奨した。シーボーム・ラウントリーはマーケット・リサーチの効用について懐疑的になっていたが、ヨーク取締役会はハリスの提言を受け入れた。

ラウントリー社は、まずキャドバリー社の「デアリー・ミルク」に対抗できる高品質の「エクストラ・クリーミー・ミルク」を製造して、そのマーケット・リサーチを行ったが、結果は芳しくなかった。他方、高級チョコレートの詰め合わせ商品である「ブラック・マジック」については、ヨーク取締役会はイギリスの産業心理国民研究所に徹底的なマーケット・リサーチを依頼した。そのリサーチの結果は良好であった。両製品は一九三三年に発売開始されたが、売り上げはリサーチのとおりであり、「ブラック・マジック」が順調に売り上げを伸ばしたのに対して、「エクストラ・クリーミー・ミルク」の方はさっぱりであった。キャドバリー社の「デアリー・ミルク」のブランドが、すでにイギリス人の間にミルクチョコレートの代名詞のように定着していたからである。さらにキャドバリー社はその大量生産を進めて、価格を低下させる余裕を持っていた。

ちょうどその頃、英国のマーズ社の「マーズ・バー」という製品が大ヒットした。キャドバリー社のミルクチョコレートで麦芽ミルクとキャラメルを包んだ製品であり、合衆国のマーズ社のヒット商品である「ミルキー・ウェイ」を一回り大きくしたものであった。ハリスは「マーズ・バー」の成功を見て、自社の製品をカウントラインにシフトする製品戦略を提言した。フライヤーとハリスは周到なマーケット・リサーチを行って、二つの新しいラインが有望であると結論づけた。一つはウエハースをチョコレートで包んだ細長い板状の「ウエハース・クリスプ」。もう一つは「エアロ」と呼ばれる、中が泡状のチョコレートであった。両製品は一九三五年九月に製造開始されて、「エアロ」は順調に、「ウエハース・クリスプ」は急速に売り上げを伸ばした。一九三七年に「ウエハース・クリスプ」の名称は「キットカット」に変更された。ラウントリー社は、キャドバリー社を追走するという従来の模倣戦略を捨てて、カウントラインの製品で勝負するというニッチ戦略に転換したのである。

翌一九三六年六月にシーボーム・ラウントリーは六六歳の誕生日を迎えた。彼は社長職を続けたが、規定どおり取締役職から退いた。そして、ジョージ・ハリスが広報担当の取締役に就任した。一九三七年にはチョコレートを砂糖で包んだ、小さめの碁石の形の「スマーティーズ」が大ヒットした。こうしてラウントリー社は「チョコレート戦争」の中で生き残ったのである。そして一九三八年には、ジョージ・ハリスはヨーク役員会の会長に就任した。なお、「スマーティーズ」はフォレスト・マーズの「M&M」の原型である。したがってフィッツジェラルドは、フォレスト・マーズとジョージ・ハリスの間で、何らかの裏

［図18］ジョージ・ハリス
（52歳、1948年）
〔出典：Fitzgerald, R., 1995, p.283〕

取引があった、と推察している。

ローレンス・キャドバリーが少品種大量生産のために製造工程のオートメーション化を追求したのも、ラウントリー社のジョージ・ハリスがマーケティングを重視して、カウントラインの大量生産方式を導入したのも、いずれもアメリカ合衆国の企業経営を学習した結果であった。そこで次節において、アメリカ合衆国の代表的なチョコレート・ココア企業について、簡単に触れておきたい。

4 アメリカのチョコレート企業

ミルトン・ハーシーの経営戦略と企業福祉

ハーシー社の創業者ミルトン・ハーシーは、一八五七年に合衆国ペンシルヴァニア州中央部のホッカーズビル村で、（再洗礼派系の）メノナイト派信者の両親の下に生まれた。ミルトンは菓子製造企業に奉公に出されて四年間の修行の後、一九歳で独立してフィラデルフィアで菓子店を始めた。これは父親の介入によって破産し、ミルトンは改めて遠くデンバーの菓子製造企業に修行に出た。そしてミルクキャラメルの製法を持ち帰り、ペンシルヴァニア州のランカスターでキャラメル製造を始めた。幸運にも一八八七年以後、ロンドンの業者がミルトンのキャラメルを大量に買い取って売り上げを伸ばしたことをきっかけに、ミルトン・ハーシーの製菓事業は成長を続けて、彼は瞬く間に大富豪になった。

［図19］ミルトン・ハーシーと児童たち（1923年頃）〔出典：Cadbury, D., 2010, p.212〕

ミルトン・ハーシーが初めて本物のチョコレート作りを目にしたのは、一八九三年のシカゴ万博においてであった。彼はそこに展示されていたドイツのレーマン社のチョコレート製造器を買い取って、チョコレート製造の実験を開始した。このころ、彼は二つの運命的な出会いを経験する。一つは一八九五年に、有能な経営管理者であるウィリアム・ミュアリーと出会ったことである。ミルトンはミュアリーに絶対的な信頼を寄せ、彼を総支配人に抜擢して、経営の一切を任せた。もう一つは一八九八年に一五歳年下のキャサリン・スウィーニー（愛称はキャッシー）に一目惚れして、結婚したことである。二人の仲睦まじい生活は、キャッシーが亡くなるまで続いた。

ミルトン・ハーシーは一九〇〇年にキャラメル事業をアメリカン・キャラメル社に売却して、その資金でペンシルヴァニア州の緑豊かなデリー・タウンシップの一二〇〇エーカーの未開発地を購入した。彼はそこに巨大なチョコレート工場と、乳牛を放つ広大な農場と、工場村を建設しようとした。この工場村はハーシータウンと命名された。新工場は一九〇五年二月に竣工した。

ミルトンは、菓子職人ジョン・シュマルバックの助力を得て独自のミルクチョコレートの開発に成功した。これにはヨーロッパの製品とは違って独特の酸味があったが、それがかえってアメリカ合衆国の大衆の圧倒的な支持を得た。また一九〇七年には、小さな釣り鐘型の「キス・チョコ」が開発されて、これも爆発的に売れた。ミルトンは、製品ラインをごく少数に限定して、流れ作業方式でチョコレートを大量生産して販売価格を押し下げた。彼が「製菓業界のヘンリー・フォード」と呼ばれた理由がそこにある。

ミルトン・ハーシーは一九〇八年にミュアリーを社長に昇格させて、自らは会長職に退き、産業ユートピアの形成に心血を注いだ。一九〇九年に完成したハーシータウンは文字どおりの緑園都市になり、五つの教会、公会堂、公園、路面電車、動物園や学校の建物までもが、ミルトン・ハーシーの寄付金によって建設された。従業員には、贅沢な住環境、保険給付、そして退職手当が用意された。ミルトン夫妻には子供がいなかったので、ミルトンは信託基金財団を設立して孤児の男子のための学校を開設した。また同時に、ハーシー工業学校を設立した。こちらは男女共学だが、生徒は寮父・寮母の世話の下で規則正しく、一〇年間の勉学と勤労の生活を送った。生徒たちの大部分は近隣の都市部に住んでいた片親の子供たちであった。

ハーシーは企業と企業城下町に対して、このように惜しみない福祉活動を実践したのだが、ハーシータウンに自治権は与えなかった。ハーシーは中世ヨーロッパの領主が領民を支配するように、この町を支配した。町長も、町議会も、町役場も存在しなかった。つまり、ミルトン・ハーシーは典型的な経営家父長主義を大規模に実践したのである。一九三〇年代後半まで、労働組合もハーシー社の従業員に食い込むことができなかった。

一九一五年に妻キャッシーが四二歳の若さで亡くなると、ミルトンは合衆国を離れてキューバに渡り、首都ハバナとマタンサス港の間の広大な砂糖黍畑を買収して、二つの町を結ぶ鉄道を建設し、その中間に製糖企業を立ち上げた。またハーシータウンにそっくりな工場村であるハーシー・セントラルを建設した。ミルトンは一九二〇年代と三〇年代の大半をキューバで過ごし、合衆国のハーシータウンの土地と持株のすべてを、ハーシー信託財団に寄付した。ミルトンが不在のペンシルヴァニアのチョコレート製造企業は、社長ウィリアム・ミュアリーの下で順調に発展を続けた。ミルトン・ハーシーは一九四五年一〇月に八八歳の生涯を閉じた。ハーシータウンの全体が喪に服し、ミルトンの葬儀には約一六〇〇人が参列した。

マーズ父子の経営戦略

ハーシーはアメリカ人のチョコレートの「味」を創造した。これに対してマーズ父子は数々の「カウントライン」を生み出した。「カウントライン」とは、すでに述べたように、チョコレートによってコーティングされた菓子を意味する。「カウントライン」自体は、すでに多くの零細な製菓企業において手作りで生産されていたが、アメリカ合衆国のフランク・マーズとフォレスト・マーズは、その大量生産を行って成功した。マーズ社の「ミルキー・ウェイ」、「スニッカーズ」、「M&M」、そしてラウントリー社の「キットカット」や「エアロ」などは「カウントライン」の名品である。

ミルトン・ハーシーについて書かれた本は数多い。しかしマーズ一族について書かれた本はジョエル・ブレナーの『チョコレートの帝国』だけである。それは、マーズ社が現在に至るまで同族企業であり続けて、企業情報の秘密を守り通したからである。マーズ社が株式を公開することなく、利潤の再投資を繰り返すことだけで世界有数の製菓・食品企業に成長できたことは、その経営が極めて健全で堅実であったことを示している。実際、ブレナーが描くマーズ一族の企業家経営者としてのエートスは、最大限の利潤を求めて働き続け、そのために世俗的な楽しみを断念するような「自己疎外された心性」、つまりマックス・ヴェーバーのいわゆる「資本主義の精神」そのものである。これは単なる「禁欲的職業倫理」とは、似て非なるものである。マーズ社がジョエル・ブレナーの取材を許可したのは一九九〇年からの二年間だったが、彼らはマーズ一族についてのブレナーの雑誌記事での描写に激昂した。だから、それ以後、二度と部外者の取材を受け入れなかったのである。しかしブレナーは、その後も関係者への広範な取材を続けて『チョコレートの帝国』を書き上げた。

マーズ社の創業者はフランク・マーズ（一八八三〜一九三三年）である。彼は一九〇二年にミネアポリス郊外でキャンディーの卸売りを始めたが、商売で失敗を繰り返してアメリカ各地を転々とした。事業が成長軌道に乗ったのは、一九二二年にミネソタ州に戻ってバター・クリームのキャラメルの製造を始めてからである。フランクの一人息子フォレスト・マーズ（一九〇四〜九九年）は学業に秀でており、カリフォルニア大学バークリー校で鉱山学と冶金学を修めたのち、イェール大学で生産工学を修めた。フォレストは父にカウントラインのチョコレート・バーの生産販売を提案し、「ミルキー・ウェイ」と名付けられたその製品は大ヒットして、発売初年だけで八〇万ドルを売り上げた。

その利潤を使って、フランク・マーズはシカゴ郊外に広大な土地を買収し、スペイン風修道院の外観を持つ新工場を建設した。そして工場の内部には、自動化された最新の生産施設を備えた。ここで一九三〇年には「スニッカーズ」、一九三二年には「スリー・マスケティアーズ」という大ヒット商品が生まれた。いずれもカウントラインのチョコレート菓子である。

一九三二年にはマーズ社の年間売上高は二五〇〇万ドルを超えて、同社はハーシー社に次ぐ全米第二の菓子メーカーになった。マーズ社のチョコレート菓子のコーティングには、ハーシー社のミルクチョコレートが使われた。したがって、マーズ社とハーシー社は共存共栄の関係を築いたのである。フランク・マーズは事業の成功に満足したが、もっと大きな野望を抱いていた息子のフォレストは、これに反発して父と衝突した。一九三三年に、父フランクはフォレストに五万ドルとミルキー・ウェイの海外販売権だけを与えて、会社から叩き出した。フランクは間もなく死去し、マーズ社はフォレストの継母たちの手に渡った。

マーズ社から放逐されたフォレスト・マーズは、スイスのトプラーの工場とネスレの工場で時間給工員として働いて、チョコレートの製造技術を改めて学んだ。半年の修行の後に、フォレストはイギリスに渡った。そしてロンドンの北五〇キロのスラウに小さな工房を取得し、英国マーズ社を設立した。彼はここで「ミルキー・ウェイ」を一回り大きくした「マーズ・バー」を製造した。コーティング用にはイギリス人が好むキャドバリー社のミルクチョコレートを使った。マーズ・バーは大ヒットした。

［図20］フォレスト・マーズ（60代）
〔出典：Brenner, J. G., 1999, p.179〕

一九三四年にはフォレスト・マーズはチャペル・ブラザーズ社を買収して、ペットフードを製造・販売したが、これも大成功を収めた。フォレストは新製品や新技術の開発、品質管理システムの構築などのイノベーションに心血を注いだ。一九三九年には英国マーズ社はイギリスで、キャドバリー社とラウントリー社に次ぐ年間売上高で第三位の製菓企業になっていた。フォレストはベルギーのブリュッセルに工場を建設して、「マーズ・バー」のヨーロッパ中での販売に乗り出した。しかし、第二次世界大戦が始まると、イギリス政府が国内在住外国人に特別税を課したので、フォレストは側近のコリン・プラットに英国マーズ社を任せて、イギリスを発った。

合衆国に戻ったフォレスト・マーズは、ハーシー社の社長ウィリアム・ミュアリーに接近した。そしてフォレストが八〇%、ウィリアムの次男のブルース・ミュアリーが二〇%を出資するM&M社を立ち上げた。これによってM&M社は、ハーシー社からのチョコレートの提供と技術面のサポートを確保した。その主力製品は、チョコレートを砂糖で包んだ碁石型の「M&M」であった。ブルースの努力によって、同社はM&Mの米軍への売り込みに成功して、莫大な利益を手にした。

他方でフォレストはコメの「半茹で法」の開発に成功して、「アンクル・ベンズ・ライス」と命名して商品化したが、これもよく売れた。しかし、戦争が終わって米軍からの発注が無くなると、フォレストはブルースの出資分を一〇〇万ドルで買い取って、彼を追い出した。

戦後フォレストのM&M社の売り上げはうなぎのぼりに増加した。そして一九六四年にフォレストは、父フランク・マーズから継母エセルや異母妹パトリシアなどに受け継がれたシカゴのマーズ社の全株式を買収して、その社長兼会長兼CEOに就任した。その後、ハーシー社とマーズ社は、アメリカ合衆国と全世界の市場を巡って、熾烈な覇権争いを展開することになる。

5　第二次世界大戦期のイギリス製菓業界

第二次世界大戦期の戦時統制

第二次世界大戦が始まると、政府は第一次世界大戦の時と同じように経済統制を実施した。政府はチョコレートを必須の食料と見做し、英領の西アフリカ産のカカオ豆を独占的に買い上げて、価格を統制した。そして　製菓企業各社に無印のチョコレート・ブロックを生産するよう要求し、製品広告を制限した。一九四一年には砂糖やバターを含む幅広い品目の食糧の配給制が開始された。食糧省は一九四〇年八月にラウントリー社のウィリアム・ウォリスを同省のアドバイザーに抜擢して、製菓業界との交渉の仲介役に充てた。その翌年にはウォリスは、食糧省経済部局の役員に登用されて、困難な調整作業に追われた。

食糧省は製菓業界に戦争協力と合理化の推進のためにさまざまな要請を行った。一九四二年には軍需工場に労働者を回すために、多数の労働力を要する生産ラインが閉鎖させられた。「キットカット」はそのために生産中止となった。また、二〇歳代の女性従業員の五％を軍需産業に割くことが決定された。商品の長距離輸送の効率化のためには、輸送地域割当制 zoning が実施された。国民の健康維持のために食糧省は、一九四二年九月にすべての製品の成分に関する詳細な報告書の提示を要求した。さらに、その説明をラベルに記して商品に添付することも要請した。これは戦後、一九四七年の「食品販売法」に受け継がれた。

この状況の中で、一九四一年から一九四五年までに、イギリス全体のチョコレート生産量は、年間約一九万トンから約一三万トンに、菓子製品全体では約三六万トンから約二七万トンに減少した。

第二次世界大戦期のキャドバリー社とラウントリー社

戦争が始まると、キャドバリー社もラウントリー社も戦争遂行に協力することを宣言した。両社では男性従業員の多くが徴兵され、熟練工は軍需工場に徴用された。また、生活必需品の供給不足によってインフレーションが起こった。そこで両社では、開戦後まもなく戦時臨時給付金が賃金に上乗せされた。これは業種を問わない一律給付金であった。また、男性従業員が減少するので、女性が担当するラインに生産を集中し、新たに既婚の女性を雇用する政策に転換した。

ラウントリー社では、一九四一年に満七〇歳になったシーボーム・ラウントリーが全社の社長を退任し、その後にジョージ・ハリスが就任した。ハリスは、新しい製品戦略とマーケティング戦略を打ち出して会社を蘇生させた功績によって社長となったのだが、彼にとっては、厳しい経済統制下で会社の舵をとるのは過酷な仕事であった。食糧の配給制、原料統制と生産制限、消費調査・広告・宣伝の禁止などの条件の下では、ハリスがその能力を発揮する余地はなかったのである。

キャドバリー社では、ジョージ・キャドバリー・ジュニアが軍部への積極的な協力を唱えたが、ローレンスが反対した。そこで、キャドバリー社の子会社としてボーンヴィル・ユーティリティー有限会社が設立され、その社長にジョージ・ジュニアが就任することになった。ここではガスマスク、軍用機の部品などの軍需品が生産された。また、フライ社のソマデイル工場には、ブリストル航空機会社が設立されて、軍用機が生産された。

戦争末期の一九四四年には、七六歳になったエドワード・キャドバリーがキャドバリー社とＢＣＣの社長の職を辞し、ローレンス・キャドバリーが就任した。

第五章　第二次世界大戦後（一九四五〜二〇一〇年）

1　戦後復興期（一九四五〜五二年）

アトリー労働党政権の経済政策

一九四五年五月にナチス・ドイツが降伏し、ヨーロッパでの大戦は終わった。第二次世界大戦を経て、アメリカ合衆国が名実ともに覇権国になった。国際経済は「国際通貨基金（ＩＭＦ）」と「関税と貿易に関する一般協定（ＧＡＴＴ）」によって、ドルを基軸通貨とする固定相場制と自由貿易主義の下で再建されることになった。合衆国はソビエト連邦とその影響下に置かれた共産圏に対抗して西側勢力を結集するために、一九四七年に「マーシャル・プラン」を発表した。これに対抗してソ連は一九四九年にＣＯＭＥＣＯＮを設立した。また、合衆国と西欧諸国が一九四九年にＮＡＴＯという軍事同盟を結成すると、共産主義諸国は一九五五年に「ワルシャワ条約機構」を設立した。こうして、世界の「冷戦」状況が形成された。

イギリスでは一九四五年の七月に総選挙が行われて、「未来に目を向けよう」というスローガンをかかげた労働党が保守党に圧勝して、クレメント・アトリーが首相に就任した。アトリー政権は、ベヴァリッジの計画を基本とする「ゆりかごから墓場まで」の福祉国家の建設に着手した。まず一九四六年七月に「労働災害法」を成立させ、つぎに八月には国家、企業、国民の三者による拠出を基とする「国民保険法」を成立させた。この保険制度は、疾病、失業、退職、寡婦、孤児、妊婦、死亡のすべてをカバーして、該当者に給付金を与えるものであった。さらに同年一〇月には「国民保健サービス法」を成立させた。これは既存の医療機関を統合して、国民が無料で医療を受けられるようにしたものであった。一九四八年には災害罹災者や極貧の人を救済する「国民扶助法」が成立した。さらに同年には「国民年金法」も成立した。こうして、すべての国民が最低限の生活を保障される福祉国家が世界史上初めて、成立することになった。教育については一九四四年に、中等教育を無償化したうえで一五歳までの子供の教育を義務化するいわゆる「バトラー法」が成立していた。これはアトリー政権の下で一九四八年から実施された。

ところで、社会保障計画を推進するための前提は完全雇用の維持である。失業者が大量に存在する場合には、彼らを救済するための費用が莫大になり、社会保障計画の実施が困難になるからである。大戦中のイギリスでは完全雇用の状態が出現したが、戦後においてもこれを維持する必要があった。実際、ベヴァリッジ報告をまとめたベヴァリッジは、その続編として『自由社会における完全雇用』と題する報告を別に発表していた。この中で彼は、完全雇用を実現するためには政府が投資政策を推進し、さらに産業立地政策と労働力配置政策を展開するべきだ、とした。アトリー政権は産業投資を促進するために、工業・商業金融公社と産業金融公社を設立し、さらに主要産業の国有化を推進した。

主要産業の国有化が推進されたのは、完全雇用の実現のためでもあり、また大戦中に実施された経済の中央管理が効率的で公正であった、という認識が国民の間に共有されていたためでもある。国有化こそが、産業に計画性をもたらし、生産効率を高め、雇用を確保して、富の再分配を約束するものとされた。アトリー政権は、まず一九四六年にイングランド銀行を国有化し、四七年には全国石炭庁と航空業を、四八年には鉄道、運河、運輸、電気事業を、四九年にはガス工業、五一年には鉄鋼業を国有化した。こうして福祉国家型の「修正資本主義」の骨組みが出来上がったのである。

このような「福祉国家」の形成は、イギリスの貧困の解消にどの程度有効だったのだろうか。その解答を得るためにシーボーム・ラウントリーは一九五〇年に第三次のヨーク貧困調査を行い、その結果を翌五一年に『貧困と福祉国家』と題して刊行した。今回はシーボームは、ヨークの貧困世帯が集中している区画で抽出調査を実施した。一九三六年調査時の「人間的必要基準」を一九五〇年段階の物価水準で計算し直すと、父母と三人の子供の五人家族では、最低生活費は週五ポンド二ペンスに相当する。それ以下の収入の世帯は、一九五〇年においては労働者階級の全世帯中の二・七七%であった。一九三六年の調査では、このレベルの貧困世帯の割合は三一・一%だったので、貧困の状況は著しく改善されたのである。シーボームは家族手当や福祉政策がなかった場合の貧困世帯の比率をシミュレーションしているが、その場合には貧困世帯の割合はずっと高くなったであろうと想定される。しかし、貧困世帯がなくなったわけではなく、それは特に老齢者の多い世帯に見られる、とシーボームは言う。

こうして福祉国家の建設は成功裏に開始されたのだが、アトリー政権はこれとは別の大問題を抱えていた。それは国際収支の巨大な赤字である。イギリスは戦争を通して約三三億ポンドもの対外債務を抱えた。この危機は、一九四五年末のアメリカ合衆国からの三七億五〇〇〇万ドルの借款によって一時的に回避されたが、政府はその後約五年間、国民に引き続き耐乏生活を強いなければならなかった。他方で労働党政府は、輸入品の多くに高率の関税をかけて輸入を抑制し、国内産業の寡占体制を容認して工業製品の輸出を奨励した。その結果、一九五〇年代初めまでには貿易収支は改善され、工業生産額の伸びはヨーロッパ諸国の平均水準に回復した。

アトリー政権は一九四七年に、中近東の支配から手を引き、インドを翌年六月までに独立させることを宣言して、「帝国」からの撤退に着手した。また一九四八年の「国籍法」によって、イギリス連邦（コモンウェルス）の市民権を、すべての植民地に拡張し、それらの地域の人々にイギリスへの移住と、就職や福祉へのアクセスの平等な権利を認めた。

復興期のキャドバリー社とラウントリー社

前述のように、イギリス政府は大戦終結後の約五年間は、膨大な戦争借款の返済と食糧・燃料不足のために、統制経済を続行せざるを得なかった。戦時中に食糧庁が発布した消費者調査禁止令は、戦後もしばらくは撤廃されなかった。また広告についても、直接的・間接的な制限が続けられた。政府が、これらを業界の自主規制に任せるという判断を下したのは、一九四八年のことである。また、砂糖の割当制が廃止されたのは、ようやく一九五三年の末のことであり、それまでは菓子会社は原料不

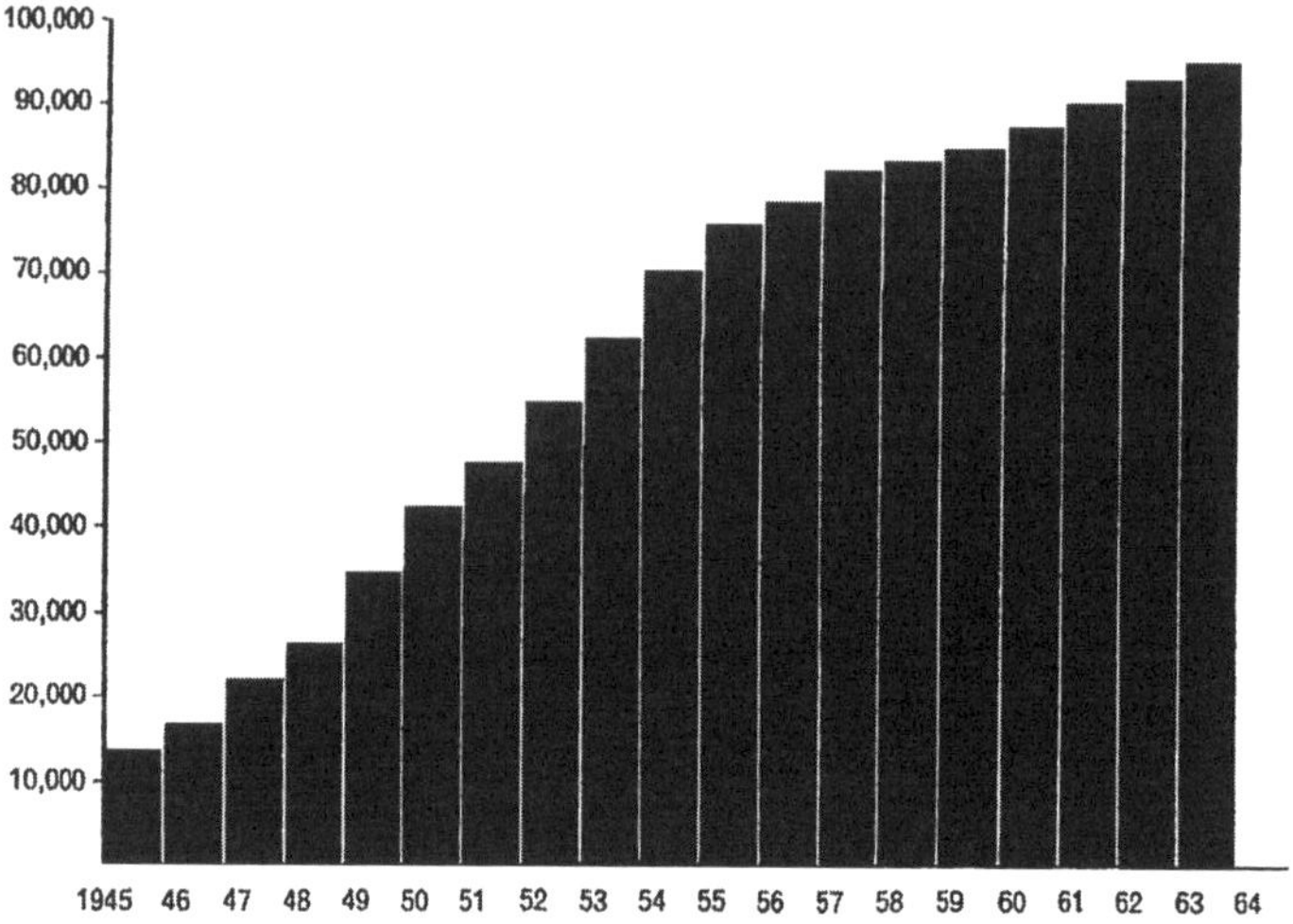

［図 21］キャドバリー社（BCCC）の売上高の推移（1945-64 年）
国内と海外を含む、単位：千ポンド（3 年平均）
〔出典：Cadbury Brothers Ltd., 1964, p.89〕

足という足枷を負わされていた。しかし、この間にもキャドバリー社とラウントリー社は、それぞれ［図21］と［図22］で明らかなように、着実に売上高を伸ばしていった。ただし［図21］と［図22］の数値は、プロローグの最後に指摘したように、適切にデフレートされていないので、割り引いて考える必要がある。

ラウントリー社の社長ジョージ・ハリスは、統制経済の終了を待ちきれず、一九五〇年に役員人事を改変し、マーケティング委員会の権限を強化して、新製品展開に乗り出そうとした。ジョージ・ハリスは、ラウントリー社に体系的なマーケット・リサーチを導入した点で功績があった。しかしフィッツジェラルドによれば、彼は経営者として多くの欠点をもっていた。例えば労使関係、経営組織合理化や海外子会社との関係強化といった問題に、

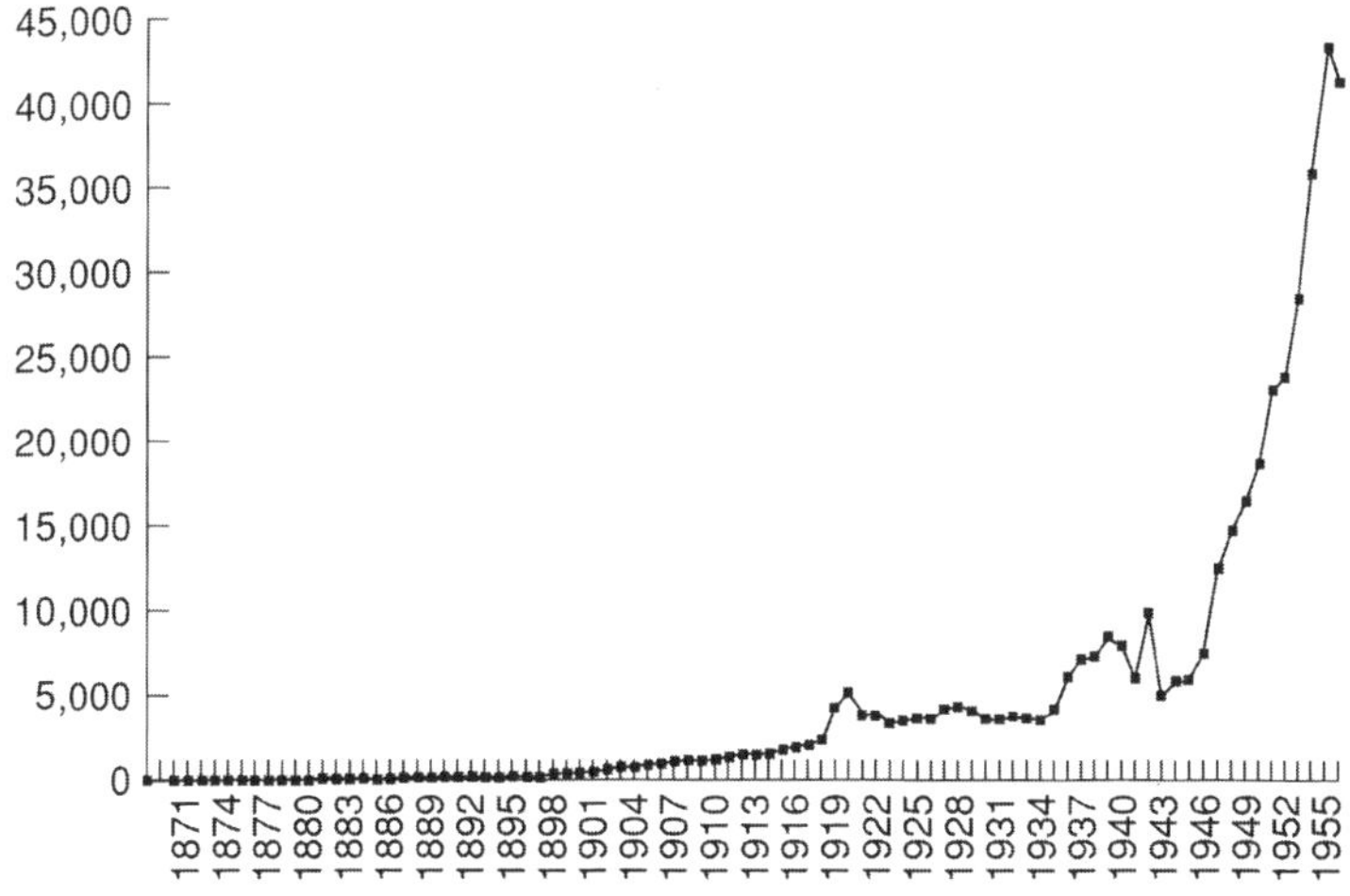

［図 22］ラウントリー社の売上高の推移（1870–1956 年）
単位：千ポンド
〔出典：Fitzgerald, R., 1995, p.13〕

彼は関心を持たなかった。ハリスは取締会に広告費予算の増額を要求したが、慎重な姿勢を採る取締役会はこれを拒否した。この時期には、三つのジョーゼフ・ラウントリー信託財団はラウントリー社の大株主として、役員人事を決定する力を保持していた。三つの信託財団はハリスを一九五二年一月に解任して、ジョーゼフ・ラウントリー村落信託財団の理事長ウィリアム・ウォリスを社長に就任させた。なお、シーボーム・ラウントリーは一九五四年一〇月七日に急性心不全で世を去った。

キャドバリー社では、一九四四年にローレンス・キャドバリーがエドワード・キャドバリーからキャドバリー・ブラザーズ社とＢＣＣ社（British Cocoa and Chocolate Company）の社長職を引き継いだ。ローレンス・キャドバリーは、本国のこの耐乏の時期に、カナダ、南アフリカ、オーストラリア、ニュージーランド、アイルランドの工場を拡張して海外生産を強化することによって、会社の売上高を伸ばしていった。また、将来の需要拡大に備えて最新式の大工場をイングランド北西部のバーケンヘッドのモアトンに建設した。同工場は一九五二年に竣工し、ＢＣＣのイギリス工場はボーンヴィル、ソマデイルと合わせて三つとなった。

2　企業間競争の激化（一九五二～六九年）

豊かな福祉国家を目指した経済政策

一九五〇年に朝鮮戦争が始まると、アトリー政権は軍備拡張に乗り出して社会保障費の予算を削減した。またインフレによる物価高騰によって国民の不満は高まった。翌五一年の総選挙では保守党が僅差で勝利して、チャーチルが首相に返り咲いた。チャーチル内閣は、鉄鋼業を民営化したが、アトリー内閣の政策の枠組みを基本的に継承した。つまり、福祉国家政策、完全雇用政策、公益事業の公営化といったケインズ的な修正資本主義的政策が継承された。それ以後、イーデン政権（一九五五年四月成立）、マクミラン政権（一九五七年成立）、ヒューム政権（一九六四年成立）と保守党政権が続き、一九六四年から七〇年六月まで労働党のウィルソンが政権を担う。この間、保守党と労働党の両党は、共に豊かな福祉国家を目指す修正資本主義の政策を堅持した。この現象は「合意（コンセンサス）の政治」と表現される。

この時期の保守党諸政権の経済政策の特徴は「ストップ・アンド・ゴー」政策である。経済が過熱してインフレが進み国際収支が悪化すると、政府は公共支出を抑制し、公定歩合を引き上げるなどの経済引き締め政策を実施する（ストップ）。しかしこの引き締め効果が強すぎると、まもなく景気が悪化してデフレが進行し、失業率が上昇する。そこで政府は公共支出を拡大し、公定歩合を引き下げる（ゴー）。経済成長と社会福祉を両立させるための景気調整の政策処方は微妙に難しいので、ストップとゴーが繰り返されたのである。当時「ストップ・アンド・ゴー」政策は経済界からの不評を招いたが、それでもこの間にイギリス国民の生活は豊かになっていった。一九五二年から六四年の間に一年間の消費者支出は平均で四五％も上昇した。そして所得税の累進性と完全雇用のおかげでブルー・カラーの平均所得は上昇して、ホワイト・カラーのそれに近づいてきた。一九六〇年代にイギリスでは「豊かな社会」が出現した。

他方、イギリスの「帝国からの撤退」は一九六〇年前後に決定的になった。これは第二次世界大戦後のアジア・アフリカの民族独立運動の高まりを背景とするものであった。一九五六年にエジプトがスエズ運河の国有化を宣言すると、イギリスはフランスと謀って武力介入したが、国際世論に押されて撤兵せざるを得なかった。また一九五七年のガーナ共和国の成立を皮切りに、一九六〇年以後、アフリカのイギリス植民地が次々に独立していった。

一九六四年の総選挙では、科学技術の振興による産業の近代化をスローガンに掲げた労働党が勝利し、ウィルソン政権が成立した。ウィルソンは新たに「経済省」を設立して積極的に産業界に介入し、一九六六年には産業再編公社（ＩＲＣ）を設立して、企業合併による産業効率化を推進しようとした。造船業界は大合併によって一社に集約され、コンピュータ企業は国際コンピュータ会社（ICL）に統合され、自動車業界では大合併によってブリティッシュ・レイランド社が成立した。また、一九六七年に政府は鉄鋼企業主要一四社を国有化した。

しかしウィルソン政権は、成立当初から国際収支の大幅な赤字に悩まされた。これを克服するために、ウィルソン政権はまず内需抑制をはかり、公定歩合を引き上げ、公共支出を抑制し、増税を行った。一九六七年には法人税も新設した。そして一九六七年一一月には、ついにポンドの為替レートを大幅に切り下げた。さらにウィルソンはインフレ抑制のために、一九六九年に「闘争に代えて」と題する白書を発表し、労働組合のストライキを取り締まる法律の制定を試みた。このことによって、彼は労働組合からの支持を失った。

この時期のイギリスの経済状況を表す二つの数字を挙げておこう。まず、一九五〇年から一九七三年までの「一人当たり実質ＧＤＰの年平均成長率」は約二・五％であった。これは第二次世界大戦の敗戦国である日本の八・〇％や西ドイツの四・九％には遠く及ばないが、それでも、オーストラリアの二・四％やアメリカ合衆国の二・二％をわずかに上回っていた。次に一九四八年から一九六九年までの年平均失業率は一・二～二・六％であった。これはイギリスの両大戦間期（一九二一～三九年）の一〇・三～二二・一％や、サッチャー政権時代（一九八〇～八九年）の七・一～一三・一％よりはるかに低かった。つまり、イギリスの経済は安定的に成長していたのである。

経営環境

一〇四頁の［図13］を見れば明らかなように、一九五六〜七三年に、イギリスの三度目で最大の企業合同運動が起こった。第二次世界大戦後のイギリスでは、独占禁止法によってカルテル的行動は規制されたけれども、企業合同は合理化を推進するものとして、むしろ政府によって推進・推奨された。

第三次合同運動の特徴は、非常に多くの業種で水平的な合併が行われたことである。例えば、自動車製造企業のモリス社は一九五二年にオースティン社と合併してＢＭＣ社を設立したが、このＢＭＣ社はジャガー社などを合併して六六年にＢＭＨを設立した。そしてこのＢＭＨは、六八年にレイランド・モーターズ社と合併してＢＬＭＣ（ブリティッシュ・レイランド・モーターズ社）を設立したのである。このような大規模な企業合同運動の結果、［図23］に見られるように、製造業の純生産額に占める最大一〇〇社のそれの割合は、一九五〇年の約二五％から一九七〇年の約四〇％に上昇した。こうして、産業の寡占体制が進行した。

イギリスの大企業の多くは、両大戦間期においてすでにグローバルに事業を展開していた。しかし、それは大英帝国の枠内への展開を主としていた。それに対して第二次世界大戦後は、むしろ、アメリカ合衆国とヨーロッパ諸国の企業のイギリス進出と、イギリス企業の欧米市場への進出が目立つようになる。特に一九五〇年代以後、アメリカ合衆国の企業のイギリスへの進出が顕著となり、一九六〇年代中頃には、その雇用者数はイギリスの製造企業全体の約一〇％を占めた。例えば、一九五五年にイギリスでは約九〇万台の自動車が生産され、市場の八割以上が主要メーカー五社によって占められ

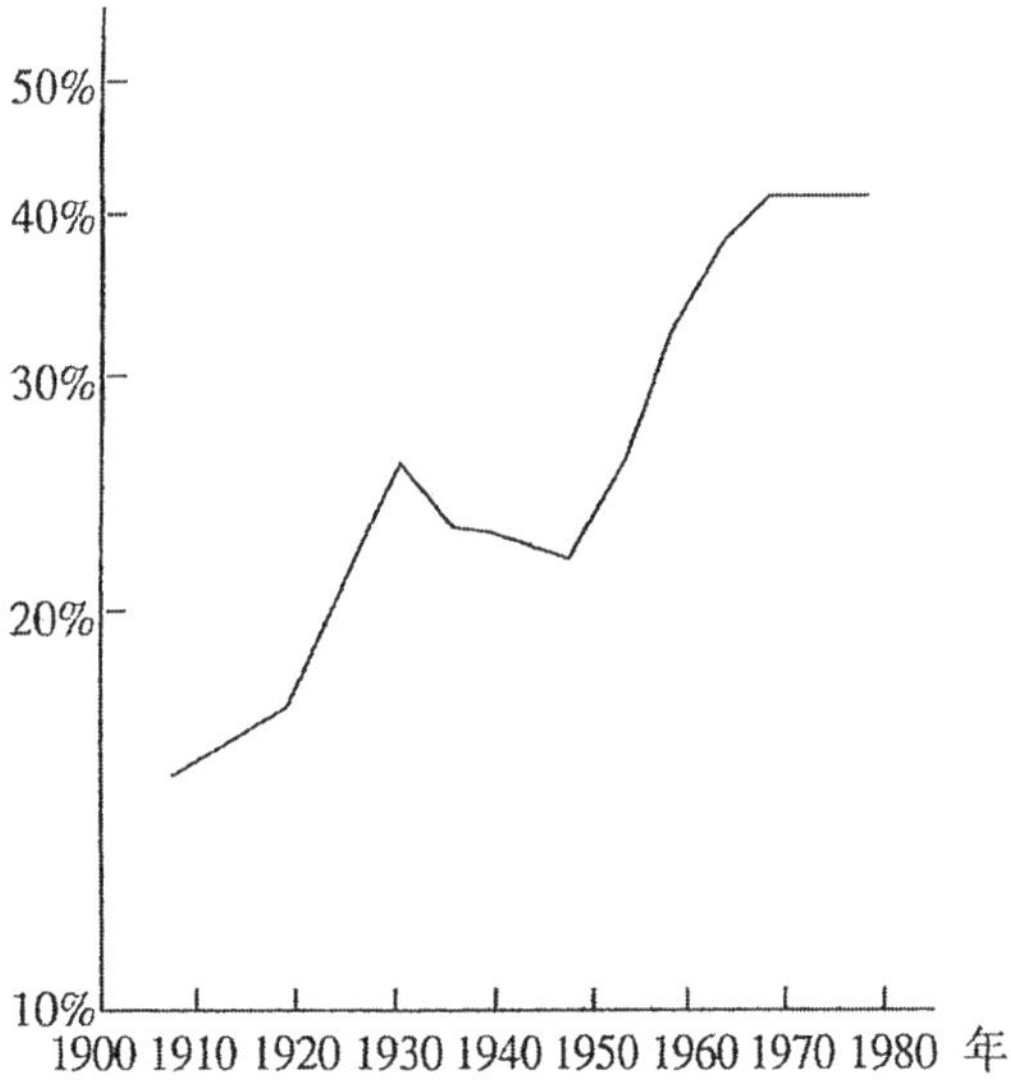

［図 23］ 製造業純生産における最大 100 社のシェア
（1907-78 年） 片対数目盛
〔出典：ハンナ、L.『大企業経済の興隆』東洋経済新報社、1987 年、110 頁〕

ていた。その五社のうち、フォード、ヴォクソール（GMの完全子会社）とルーツ社（一九六四年にクライスラー社によって買収）の三社はいずれも合衆国系の企業であった。逆にロイヤル・ダッチ・シェル、ブリティッシュ・ペトロリアム、ユニリーバ、ICI、薬品企業のグラクソなど、戦前からグローバル化していたイギリスの大企業が積極的に事業の海外展開を果たした。一九六七年におけるイギリスの海外投資額はイギリスのGDPの一四・五％に及んだ。海外投資の総額においては、イギリスはアメリカ合衆国の三割に満たなかったけれど、イギリス経済のグローバル化は、他の国々に比べて突出していたのである。

製菓業界について言うと、一九五三年には、ついにイギリス政府による食料品割当制が廃止された。イギリスでは独占禁止法が導入されて、戦前に行われていた製菓企業間のカルテル的共同行動は実施できなくなった。さらに、大規模小売店によるメーカー希望価格の破壊が可能になった。したがって

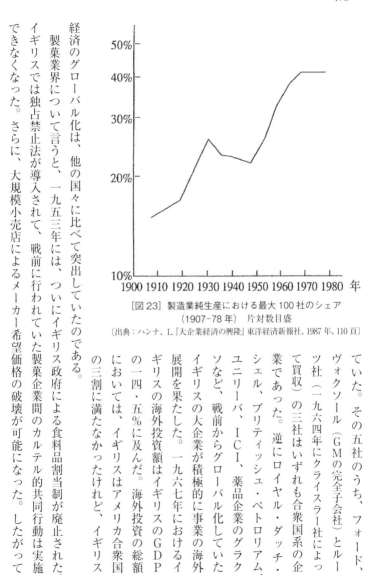

製菓企業も、成熟した大衆消費市場の中で、苛烈な企業間競争を強いられることになった。一九五五年九月には商業用テレビジョン放送が開始され、その三年後にはチョコレートの宣伝費の六割以上がテレビ広告に費やされるようになった。一九五五年にはイギリス全体のチョコレート生産額の八割を上位一〇社で占めるという寡占状態が現れていたが、企業間競争は、その後さらに厳しくなるのである。

製菓企業は合理化を徹底して良品を低価格で市場に提供する努力を要求された。そして、それができない企業は淘汰され、経営状態の優良な企業によって吸収合併されていった。しかし、食品の一人当たり消費量には限界があり、製造が単一系列の食品に限られる場合には企業の発展は展望できない。したがって、余剰の資金を持ち、さらなる発展を望む企業は、菓子業以外の部門への多角化を志向することになる。また、第二次世界大戦後の自由貿易体制の下では、商品のみならず資本も自由化された。製菓企業にとっても、海外市場の開拓や海外企業の買収は、利潤率を引き上げるための選択肢となり得た。

キャドバリー社の経営多角化と海外事業展開

キャドバリー社では、一九五九年にポール・キャドバリーがローレンス・キャドバリーから、キャドバリー・ブラザーズ社とＢＣＣの社長職を継承した。有名な‘Glass-and-a-half’のスローガンが開始されたのは、ポール社長の時代においてである。「デアリー・ミルク」一枚には、コップ一杯半分の牛乳が使われている、という宣伝である。一九五〇年代から一九六〇年代初めまでBCCは長期的安定成長を目標としていて、実際に売上高の年平均上昇率は実質三％程度であった。一九六二年の売上高は約九四〇〇万ポンド、従業員数は約二万一〇〇〇人（そのうち八割が国内、二割が海外）。一九三九年に二三七種であった製品ラインは六〇に絞り込まれていた。しかしながら、一九六〇年代の最初と最後に、BCCは二度の大きな転換を経験する。最初のものは同社の公募株式会社への転換であり、最後のものはシュウェップス社との合併であった。

BCCはそれまでは非公募株式会社（いわゆる私会社）であった。しかしその株式が一九六二年にロンドン株式市場に上場されて、同社は公募株式会社になった。これは、多角化と海外展開を遂げるための外部資金を大規模に導入するために行われた。しかしその結果、BCCはキャドバリー家の人々の意のままには経営できなくなった。経営者たちは毎年、株主への財務状況の報告を義務づけられることになるが、株主たちはBCCが広い事業基盤を持って、確実に短期的な利潤と高配当を生み出すことを望んだ。その結果、公募株式会社化以後、BCCはM&A（合併と買収）を通して製品多角化を開始した。同社は一九六二年にはケーキや粉ミルクの製造企業を買収し、一九六四年には精糖企業パスカル・マリー社を買収した。

一九六五年にはエイドリアン・キャドバリーがBCCの社長職をポール・キャドバリーから継承した。彼は、自社をチョコレート企業から総合食品企業に発展させようとして、M&Aの戦略を推進した。一九六六年に食肉加工業企業カルロウズ・フーズを買収し、菓子やタバコの大手企業などをも買収した。しかし、企業収益にはあまり改善が見られなかった。

多角化によってＢＣＣＣの事業は複雑さを増した。エイドリアンは事業を合理化するために、組織変革を行った。ＢＣＣＣ社の組織は、一九六〇年代前半においては七つの職能部門からなる職能部門制組織を採っていたが、エイドリアンは、これを三つの部門（菓子部門、食品部門、海外部門）と本部グループからなる「グループ・部門」組織 group and division pattern に改編した。例えば菓子部門では、キャドバリーとフライとパスカルの菓子製造部門を一つの部門にまとめ、各工場に最新設備を導入し、類似の製品の重複を避けて、それぞれ別々の種類の製品の製造に特化させた。そして一九六七年に、ＢＣＣＣの名称は「キャドバリー・グループ」に変更された。

エイドリアンはキャドバリー・グループのグローバル化と食品部門の多角化を追求したが、好都合なことに、シュウェップス社が合併の話を持ちかけてきた。シュウェップス社は一八九七年の創業以来、清涼飲料水メーカーとして発展を続けて、イギリスのみならず北米とヨーロッパ大陸の市場にも確固たる足場を築いていた。一九五九年以後、同社は製品多角化を目指して、ゼリー、マーマレード、ジャム、缶詰食品、コーヒー、紅茶などの総合食品メーカーに成長しようとしていた。同じく総合食品メーカーへの転換を目指していたキャドバリー・グループとシュウェップス社は、製品面でも市場面でも、好都

［図24］エイドリアン・キャドバリー
〔出典：Cadbury, D., 2010, p.280〕

合な補完関係にあった。海外市場においてキャドバリー・グループはイギリス連邦諸国（カナダ、南アフリカ、オーストラリア、ニュージーランド、インド）に強く、シュウェップス社は合衆国やヨーロッパ大陸に強みを持っていたので、両社は相互補完的な関係にあった。

両社は一九六九年三月に合併して「キャドバリー・シュウェップス社」となり、シュウェップス社の社長ワトキンスン卿が新会社の社長に、エイドリアン・キャドバリーが副社長に就任した。合併後、キャドバリー・シュウェップス社は分権的グループ（事業部）制組織を採用した。菓子グループ、飲料グループ、食品グループ、紅茶・コーヒーグループ、海外グループという五つのグループ（事業部）が設置され、それぞれのグループが社長以下からなる経営管理者の階層組織を持った。

ラウントリー社の経営多角化と海外事業展開

ラウントリー社のウィリアム・ウォリスは社長就任時にすでに六一歳であったので、早めに自らの後継者を社内で探した。そして、業界の状況に対処するために、マーケティングを重視し、製品多角化を推進するというハリス流の戦略を改めて採用することにした。この戦略を推進する新たなリーダーとして、ウォリスはロイド・オウエンを抜擢した。

オウエンは一九五五年にヨーク委員会の会長に、一九五七年にはラウントリー全社の社長に就任した。この人事は、ラウントリー社がラウントリー家との関係を完全に断ったことを示すものである。大戦間期に取締役を務めた人々のほとんどは一九五〇年代までに退任し、大学卒業者で社内昇進型の、ラウントリー家と関係を持たない有能な管理者が次々に取締役に就任した。その中の出世頭がロイド・オウエンなのである。

ロイド・オウエンは、菓子類については「選択と集中」の戦術を採った。一九六〇年代初めには「キットカット」がラウントリー社の全出荷量と収入の二割を占め、一九六二年に新発売された「アフター・エイト」も爆発的に売れた。他方で利益率の低い多くの製品の生産は次々に停止された。菓子類全体に対する国内需要が最高限度に達したと考えたオウエンは、ラウントリー社を「グローバルな総合食品メーカー」に変えていこうとした。これはキャドバリー社のエイドリアン・キャドバリーと同じ方向性であった。そしてオウエンは、一九六二年に全社的な組織変革を断行した。次頁［図26］を参照されたい。

［図25］ロイド・オウエン
（43歳、1947年）
〔出典：Fitzgerald, R., 1995, p.451〕

この組織では社長の下に六つの委員会が直属する。それらは、ヨーク委員会、海外委員会、国内チョコレート委員会、国内ビスケット委員会、ヨーロッパ市場委員会、多角化委員会である。そして、ヨーク委員会はラウントリー社の国内での管理運営に責任を持ち、海外委員会はカナダ、オーストラリア、南アフリカ、アイルランドの系列会社の生産販売業務と輸出業務を管轄する。国内チョコレート委員会と国内ビスケット委員会は、

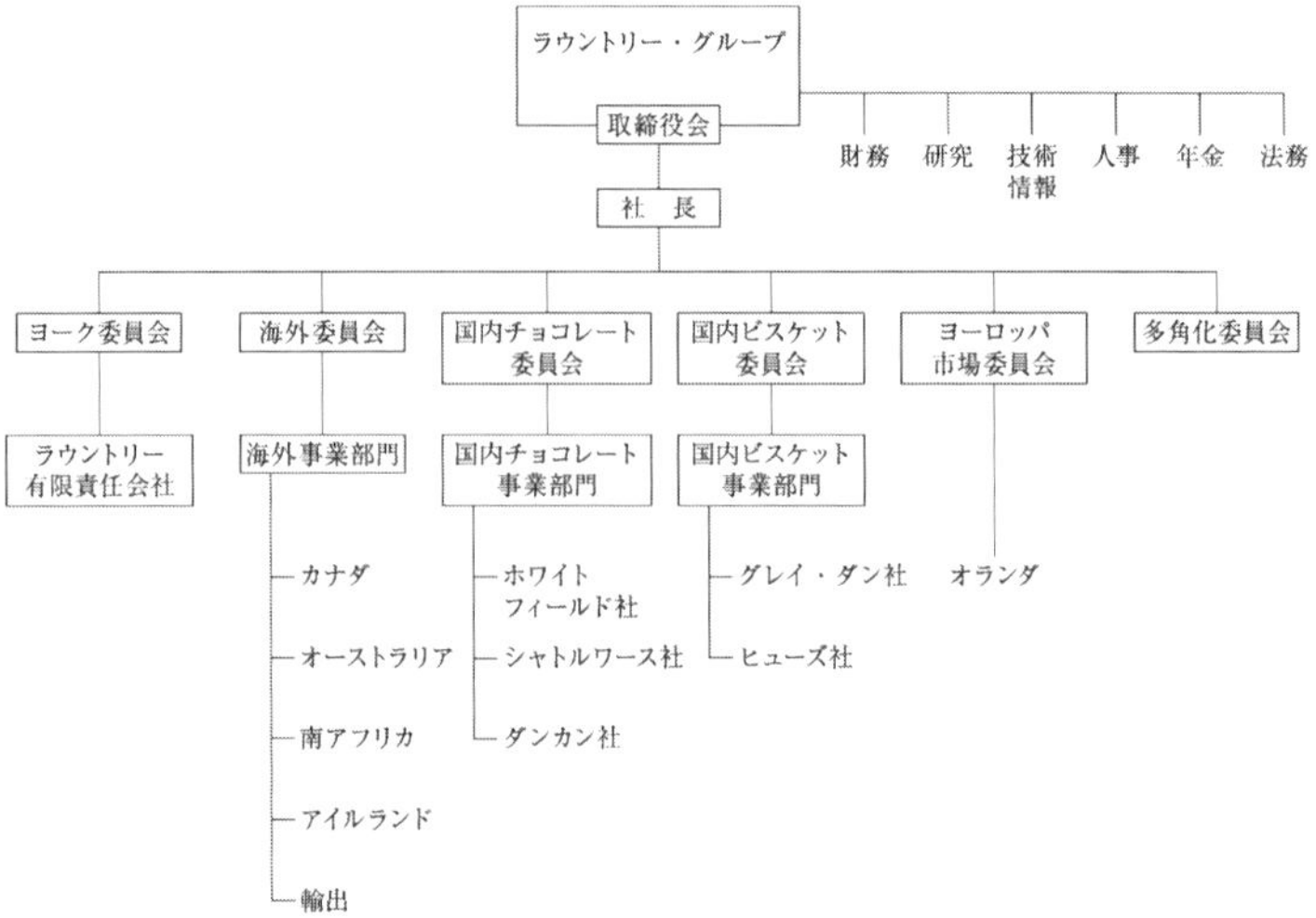

［図 26］ラウントリー社組織略図（1962 年）
〔出典：Fitzgerald, R., 1995, pp.418-422 より作成〕

いずれもラウントリー社が吸収合併した系列国内メーカーの業務を管理する。ヨーロッパ市場委員会はヨーロッパ市場の開拓戦略を、多角化委員会は多角化の戦略を策定し実行する役割を与えられた。また、総合本社が「ラウントリー・グループ」と呼ばれ、この総合本社は全社的な財務、研究、技術、人事、年金と法務を管轄した。そして、各委員会は総合本社に製造・販売計画と資本支出計画を提出する義務を負った。

　このような製品多角化とグローバル化のための組織を構築したにもかかわらず、ロイド・オウエンは志半ばにして一九六六年三月に急逝した。

　一九六六年にオウエンの後任としてラウントリー社の社長に就任したのは、一九二一年生まれのドナルド・バロンであった。彼は「キットカット」の量産体制を推進するために巨額の設備投資をするとともに、M&Aを通した製品多角化戦略を推進し、新たに食料雑貨委員会grocery committeeを設立した。この部門は、系列会社であるクリーモラ社（インスタントデザート）、サン・パット社とパン・ヤン社（スナックとビスケット）、そしてラウントリー社のゼリー、ココア、ビスケット製造部門で構成された。

ラウントリー社はさらなる多角化を目指したが、たまたまイギリスのハリファックスに本拠地を置くマッキントッシュ社から企業合併の打診を受けた。同社はジョン・マッキントッシュが一八九〇年に創業したイギリス最大のタフィー・メーカーであり、合併当時には三代目の社長エリック・マッキントッシュが製品多角化を進めていた。

マッキントッシュ社は多くの菓子類のブランド商品を持っていたが、好都合なことに、その製品はラウントリー社の製品と補完性が非常に高かった。またラウントリー社とマッキントッシュ社には、アイルランドやカナダで市場を共同開発してきた経験があった。両社は一九六八年秋に合併の交渉を開始したが、一九六九年一月に合衆国のゼネラル・フーズ社がラウントリー社に対して買収の提案をしてきた。ラウントリー社はこれを断固として蹴った。また同じ頃にキャドバリー社とシュウェップス社が合併を果たしたことも、大きな刺激となった。

一九六九年五月に両社は合併して、ラウントリー・マッキントッシュ社が成立した。その初代社長にはドナルド・バロンが就任し、グローバルな菓子製造企業の基礎を築くために、両社の海外支店、食品部門、倉庫・輸送部門が速やかに統合された。

3　業績の悪化と終焉（一九七〇～二〇一〇年）

経済不況からサッチャー革命へ

一九七〇年に成立したヒース保守党政権は「合意の政治」からの脱却を図った。すなわち一九七一年度予算編成にあたり、高度成長を目的とする減税、公共支出削減、公共料金値上げ、公営企業の民営化を掲げた。そして同年に「労使関係法」を成立させた。これには、多種類の労働組合との労使間交渉を一本化する制度の導入、クローズド・ショップ（労使間協定によって使用者が労働組合員だけを雇用するという慣行）の無効化、スト決行までの六〇日間の冷却期間の設定が盛り込まれていた。ヒース政権は一九七二年にはヨーロッパ経済共同体（EEC）への加盟を実現させ、ヨーロッパ市場がイギリス企業に本格的に開かれた。しかし、高度成長政策はインフレーションを誘発し、「労使関係法」に反発する労働者たちは波状的にストライキを繰り返した。一九七一年度のインフレ率は九・四%に上昇し、失業率は七三年には三・六%に上った。

これに対処するためにヒース政権は、賃金、物価、配当などを凍結する「所得政策」を実施し、経営的に危機に陥った航空機会社や造船会社の救済に乗り出した。こうしてヒース政権は「ストップ・アンド・ゴー」政策に「Uターン」してしまった。しかも、そこに一九七三年の「第一次オイルショック」が襲いかかった。物価と失業率はさらに上昇し、最も打撃を受けた炭鉱労働者は一九七三年末にストライキ突入の宣言をした。これに電力や鉄道の労働組合が同調した。そこで、ヒース政権は「非常事態」を宣言するとともに、国民の信を問うために翌七四年二月に総選挙をするという賭けに出た。しかし、保守党はこの選挙に僅差で敗北した。そして、再びウィルソンを首相とする労働党政権が成立した。

ウィルソンはまず、炭鉱労働者と妥協して労使紛争を終結させ、「労使関係法」を廃棄して「社会契約」を提起した。これは政府が物価を抑制し国有化を推進する代わりに、労働組合も賃上げ要求を自制する、という一種の紳士協定である。そして、一九七五年には「産業戦略の方法」と題する白書を発表して、主要産業の生産性向上のために多様な取り組みを始めた。しかし、それらは見るべき効果を上げることはなかった。ウィルソンは一九七六年三月に突然辞任し、代わって長年彼を支えてきたキャラハンが首相に就任した。

キャラハンはウィルソンの政策をそのまま踏襲したが、経済運営はうまくいかなかった。物価と賃金は毎年二桁台の上昇を続け、失業率は五％を超えた。国際収支の赤字幅は庞大なものになり、ポンドの為替レートは下落した。キャラハン政権はポンド危機を一九七七年一月のＩＭＦからの借款によって何とか乗り切った。しかし、ＩＭＦは融資の条件として財政再建のための厳しい要求を突きつけた。それは、福祉国家的修正主義の経済政策を放棄させるものであった。政府が経済政策を転換させた結果、一九七八年の暮れ以後、運輸、地方自治体、病院などの労働組合は一斉にストライキに入った。一九七九年三月には保守党が内閣不信任案を提出し、これが国会で採択された。国会が解散され、同年五月に実施された総選挙では保守党が圧勝して、マーガレット・サッチャーが首相に就任した。

サッチャーは一九七九年から三期一〇年半にわたって首相の座にあったが、その政治政策は一貫していた。彼女は福祉国家的修正資本主義の「合意の政治」を覆し、マネタリズムを基礎とする「ネオ・リベラリズム」の政策を展開した。

サッチャーは、①公営企業を次々に民営化し、その株式を公開して、その従業員がその株主になるよう誘導した。航空機、通信、鉄道、石炭、製油、自動車、ガス、航空運輸、鉄鋼、水道、電力といった基幹産業で巨大な民間企業が出現し、数百万人の小規模株主が出現した。②公営賃貸住宅の入居者に、それを大幅な割引価格で購入する権利を与えた。一九七九年からの八年間で一〇〇万戸以上の公営住宅が売却された。③社会保障の領域では年金や医療保険に市場原理を導入した。④ロンドンとその他の六つの大都市の市議会を廃止して、肥大化した行政機構とその費用を削減した。⑤税制を改革し、高額所得者に対する累進性を緩和した。

梅津實はサッチャリズムの本質を次のように表現する。「国民の多くを私的企業で働かせ、彼らに自社の株を持たせ、自分の持ち家に住まわせる。そして福祉や教育やその他の地方行政サービスについても自助努力や自己負担に委ねる。……こうすれば、人びとは必ずや自立心を持つようになり、やる気を起こすようになる」と。

しかし「サッチャー革命」の内容はそれだけでは語りつくせない。彼女は⑥改革に対する最大の対抗勢力である労働組合を無力化しようとした。一九八一年「労使関係法」によって二次ピケ（支援ピケ）を非合法化した。翌年の「雇用法」では「クローズド・ショップ」を禁止し、争議には事前の無記名制の賛成多数が条件づけられた。これらに対して労働組合は激しく反発した。一九八四年から八五年にかけての炭鉱ストは特に大規模なものであった。しかしこれが弾圧されて失敗に終わると、労働組合運動は急速に弱体化していった。⑦金融制度の改革を断行した。「金融ビッグバン」と呼ばれるこの改革では、証券取引の手数料を自由化し、証券取引所会員の単一資格制度を廃止し、証券会社以外の銀行などが証券取引に参入できるようにした。その結果、金融市場は拡大し、ロンドン金融市場の国際競争力が強化された。⑧教育改革を断行した。その狙いは長期的な視野で実業教育や職業教育を拡充することであった。ポリテクニークが大学に昇格され、大学の数は一挙に増加した。ただし、教育の質を全国的に標準化する方法などを巡って、知識人からの強い反発を招いた。

「サッチャー革命」によってイギリスの社会は大きく変化した。基幹産業の民営化によって経済合理化が推進され、経済界に活気が出てきたが、失業率は急増した。貧富の格差が広がり、非正規雇用が増加した。一方で労働者の一部が株式と持ち家を持つ中産階級に上昇するとともに、他方では失業者の救済は行われず、各地で頻繁に暴動が起こるようになった。そしてサッチャー政権時代を通してインフレが進行した。一九八九年には通貨危機に関してＥＲＭ（欧州為替相場介入制度）への加入を主張するサッチャー側近のナイジェル・ローソンとジェフリー・ハウがサッチャーと対立し、共に閣僚から離れた。サッチャーは、また同年に財政改善のために「人頭税」を導入して、地方自治体や有権者の怒りを買った。この二つが致命傷となり、サッチャーは一九九〇年一一月に首相の座を去ることになった。

サッチャーの後を継いで首相になったのはジョン・メイジャーであった。彼は一九九一年に「人頭税」を廃止して「カウンシル・タックス」を導入した。しかし彼は、「サッチャーの息子」と言われるように、それ以外ではサッチャリズムの政策を継承した。その結果、年平均経済成長率は、彼の任期中にようやく三%を超えるようになった。そして、労働者階級の一部の中産階級化と、貧富の格差の拡大が続いた。失業率は七%を下回ることがなかった。

ところで一九九〇年代中頃には労働党の内部で新しい波が生まれた。ブレアやブラウンといった新しい世代の指導者たちが、中道寄りの政治を目指すようになっていたのだ。一九九七年五月の総選挙では労働党が地滑り的な勝利を収め、トニー・ブレアが首相に就任した。

ブレアは伝統的な社会民主主義でもなく、ネオ・リベラリズムでもない「第三の道」を提唱した。具体的には、まず貧富の格差を是正するために「共助」を活用すること、つまり民間のボランタリー・セクターの活力を最大限に利用することを目指した。また貧困対策についても、「福祉から労働へ」のスローガンの下で、就労支援政策を推進した。さらに、金利設定権を政府からイングランド銀行に譲渡し、スコットランドとウェールズに独自の議会を開設させ、上院における世襲貴族議員を排除するなどの一連の民主化を行った。しかし、サッチャーが断行した基幹産業の民営化政策は維持された。ブレアはイギリスの経済競争力を維持するために、労働党の綱領から「国有化条項」を割除した。つまりブレア政権は、若干の修正を加えながらも全体としては、サッチャーの経済政策を踏襲したのである。こうして、長谷川貴彦が言うように、サッチャリズムを基本とする新たな「合意の政治」が開始された。その後、二〇〇七年にはブラウン労働党政権が成立し、二〇一〇年に至る。

最後に、一九八〇年代以後のイギリス経済の特徴について次の四点を追加したい。第一に、一九八〇年代の経済成長率は一％にとどまったが、九〇年代には二〜四％に上昇した。第二に、企業合同の動きは一九八〇年以後も続いたが、この時期にはコングロマリット型（相互に関係のない異業種間）の合併が増加した。第三に流通業界においては、大型のスーパーストアが多数出現して、小規模小売商店の淘汰が急速に進んだ。第四に、アメリカ合衆国、ヨーロッパ、そして日本などの海外企業のイギリスへの直接投資が増大した。そしてまた、イギリス企業の海外直接投資も急増した。イギリスの海外直接投資額は、一九九〇年には対ＧＤＰ比で実に二五・一％に達した。イギリス経済のグローバル化は、一九九〇年以後のソ連をはじめとする東欧諸国の社会主義政権崩壊による市場開放によって、さらに拍車がかかった。

ラウントリー社のネスレ社による吸収合併

一九六九年に統合されたラウントリー・マッキントッシュ社は、「グローバルな総合食品メーカー」を目指して、国際化と多角化を推進した。イギリス菓子事業部門にフォックス社を加え、一九七一年にはフランスのショコラ・ムニエ社をヨーロッパ事業部門に加えた。一九七七年にはフランスのディジョンに現代的工場を持つショコラトリー・ランヴァン社を、一九七九年にはオランダのナッツ・チョコラーデファブリーク社を買収した。

ラウントリー・マッキントッシュ社の総売上高と総利潤に占める海外部門の比率は、一九六九年にはそれぞれ三六％と二七％であったが、一九七六年にはそれぞれ、四九％と四三％に上昇していた。

したがって同社は一九七〇年代に至って、真の国際的企業に成長したのである。

一九八一年にはケネス・ディクソンがラウントリー・マッキントッシュ社の社長に就任した。一九八〇年代は不景気な時代で消費が落ち込んだので、ディクソンは経営合理化を推進した。旧式工場を閉鎖し、製品の種類を減らし、無駄な仕事を減らし、生産性の向上を図った。また国内ではクリスプとスナック製造企業のRPC社を買収し、合衆国のスナック製造企業トムズ・フード社、合衆国の大規模小売店ホット・サムズ社とオリジナル・クッキー社、そしてカナダのローラ・セコード社を買収した。そしてディクソンは一九八四年に、世界の四地域を基にする新しい全社的組織を構築した。四地域とは、イギリスとアイルランド、北米、ヨーロッパ、そしてその他である。

さらに一九八七年にはラウントリー・マッキントッシュの持株会社としてラウントリー持株会社を設立し、その株式をロンドン証券市場に上場した。

株式の証券市場への上場の目的は、事業拡大のために、より多くの資金を外部から調達することであったが、これは「暁の襲撃」と呼ばれる予想外の事態を招くことになった。ディクソンの拡張戦略は全体としては失敗であり、特にスナック事業の業績の悪化により、ラウントリー持株会社の株価は低迷を続けた。

そして一九八八年四月一三日の早朝、スイスとドイツに本社を持つ菓子メーカーの多国籍企業ヤコブス・スシャール社が、ラウントリー持株会社の全株式の一五％を敵対的に買収したのである。この時、ジョーゼフ・ラウントリーが設立した三つの福祉信託財団は、合計でラウントリー持株会社の全株式のわずか九％しか所有していなかったので、抵抗勢力となり得なかった。それらの福祉信託財団は、この時までに、リスク回避のために投資対象を分散化させていたのである。

このような状況の中で、四月二六日にスイスに本拠を置く多国籍企業ネスレ社が、ラウントリー持株会社の全株式を二一億ポンドで買収するという申し入れを行った。このような情報に地元のヨーク市民は激怒し、ラウントリー社の経営陣もこれを拒否した。実はこの時に、キャドバリー・シュウェップス社がラウントリー・マッキントッシュ社との合併を提案したが、この提案の実現はイギリスの独禁法によって阻まれた。

ここで、ネスレ社の歴史について、簡単に触れておこう。ネスレ社の創業者はドイツのフランクフルト生まれの薬剤師ハインリヒ・ネストレ（一八一四～九〇年）である。彼はスイスのヴェヴェーに移住してアンリ・ネスレと改名した。一八六七年に蒸発脱水によって粉ミルクを作る方法を発明し、粉ミルクと小麦と砂糖を使って栄養価の高いベビーフードの製造を開始した。これは爆発的に売れたが、彼は一八七五年に工場とネスレのブランド名をスイスの金融グループに売却した。こうしてネスレ社の社名は、経営者を変えて存続することになった。

ネスレ社は一九〇五年に、合衆国内に多数の工場を持つアングロ・スイス練乳会社と合併し、多国籍化の道を開いた。さらに一九二九年にはチョコレート製造企業であるペーター・カイエ・コーラー社を吸収合併して、チョコレート生産を始めた。ネスレ社は一九三八年にはインスタントコーヒーを開発して、「ネスカフェ」という商品名で売り出した。これは一般家庭で愛用されただけでなく、第二次世界大戦期にアメリカ兵たちの必需品としても広く愛用された。こうしてネスレ社はグローバル企業としての基礎を確立した。

一九四九年にはネスレ社は、「マギー・ブイヨン」で有名なスイスのアリメンターナ社と合併し、その後、幾つかのM&Aを成功裏に進めてグローバル企業として成長していった。そして一九八一年にCEOに就任したヘルムート・マウハーは、次々とM&Aを仕掛けてネスレを飛躍的に発展させた。彼が手掛けたM&Aには、合衆国のミルク製品企業カーネーション社、ミネラルウォーター「ヴィッテル」で有名なフランスのペリエ・グループ、そしてラウントリー・マッキントッシュ社が含まれるのである。

ネスレ社は一九八八年の六月中頃にラウントリー持株会社に対して、改めて二五億ポンドの買収額を提示した。ラウントリー社の役員たちは、株主利益を最大にするために交渉を続けた。ヤコブス・スシャール社による「暁の襲撃」の直前のラウントリー持株会社の一株当たりの価格は四・六八ポンドであったが、同社はこれを最終的に一株当たり一〇・七五ポンドでネスレ社に売却した。ラウントリー持株会社の株主たちは、大いに私腹を肥やした。結果的にネスレ社は高い買い物をしたのだが、「キットカット」などの幾つかの強力なブランドを手に入れ、世界市場制覇への展開に弾みをつけることができた。

そして、ラウントリー社は地上から姿を消した。

キャドバリー社のクラフト・フーズ社による吸収合併

一九六九年に成立したキャドバリー・シュウェップス社の社長ハロルド・ワトキンスンは、同社をグローバルな総合食品メーカーとして成長させるために、マーケティングに注力し、他方で製造部門の合理化を推進した。例えば、一九七〇年には菓子グループのイギリス事業部で四五〇人もの中間管理職員が解雇された。これは従業員にカルチャー・ショックを与え、中間管理職員の多くがホワイト・カラーの組合であるＡＳＴＭＳに加入した。一九七二年にイギリスがＥＥＣに加入したので、キャドバリー・シュウェップス社はヨーロッパ市場での事業を拡大したが、事業拡大には長期的な展望も計画性も存在しなかった。Ｍ＆Ａも行き当たりばったりに行われた結果、事業収益率は悪化していった。

一九七四年末には、ワトキンスンに代わってエイドリアン・キャドバリーがキャドバリー・シュウェップス社の社長に就任した。エイドリアンは、国内と海外で中核事業に集中するという経営戦略を打ち出した。また、全体の管理組織としてマトリックス組織を採用した。すなわち、キャドバリー・シュウェップス社を八つの事業地域にまとめて、それぞれの地域に製品別部門を設置した。例えばイギリスでは、菓子、飲料、紅茶と食品、健康化学製品、ワインと蒸留酒の五つの部門が設置された。このような事業地域の組織の上に、四つの国際的な職能部門組織が被せられるわけである。すなわち、マーケティング、財務、技術、人事の職能部門である。さらに、このようなマトリックス組織を統括するための総合本社が設置された。こうして、戦略のバランスはマーケティングから製造にシフトした。生産効率を上げて資産収益率を高めるために、本社役員会は長期計画を発表した。その柱は大規模な設備投資、少数の工場への生産の集中、そして従業員の大量解雇であった。

このような合理化の追求にもかかわらず、一九八〇年代になってもキャドバリー・シュウェップス社の業績は、あまり改善しなかった。そこで、一九八二年に経営陣幹部は長期計画の第二局面として、労働組織と労働実践の変革を謳い、労働組合をねじ伏せて労働者の多能工化を推進した。これが可能になったのは、サッチャー政権の下で労働組合の弱体化が進んだからであった。

デボラ・キャドバリーによれば、キャドバリー・シュウェップス社の業績不振の主な原因は合衆国市場参入の失敗にあった。同社は合衆国のピーター・ポール社などを買収したにもかかわらず、合衆国での事業は不振を極めた。そこで同社は、一九八八年にキャドバリーUS社を合衆国のハーシー社に売却し、清涼飲料水メーカーのカナダ・ドライ社を買収するなどした。これによって、同社は収益性を強化することに成功した。

一九八九年にエイドリアンは引退し、その弟のドミニク・キャドバリーがキャドバリー・シュウェップス社の社長に就任した。ドミニクの下で同社は、ドクター・ペッパー社、セブン・アップ社、スナップル社を買収し、ロシアと中国の市場に進出するなどして、事業のグローバルな展開を進めた。

そしてドミニクが二〇〇〇年に社長を引退した時には、キャドバリー・シュウェップス社の取締役会にキャドバリー家の成員は一人もいなくなった。同社の全株式のうちのキャドバリー家の人々の持ち分は一％以下になっていた。また、キャドバリー家関係の福祉的な信託財団の株式持ち分も減少していた。そのために、同社は短期的な利益を求める「もの言う株主たち」の意向によって翻弄されることになる。

二〇〇七年以後、事態は急展開する。株主たちは株価の引き上げのためにキャドバリー社とシュウェップスとの分割を要求した。デボラ・キャドバリーによれば、株主たちを扇動したのは、アメリカ合衆国のトレイン投資会社というヘッジ・ファンドの所有者、ネルソン・ペルツであった。トッド・スティッツァーを代表取締役とするキャドバリー・シュウェップス社の取締役会はこれを受けて、自社の分割を決定した。しかし、新たに生まれたキャドバリー社に対して、まもなく合衆国に本拠を持つクラフト・フーズ社から買収の申し出が行われた。

クラフト・フーズはマクスウェル・コーヒー、フィラデルフィア・チーズ、ナビスコ・ビスケット、テリー・チョコレート、クラフト・チーズなどを傘下に置く巨大な多国籍企業であったが、そのブランドの多くの売上高が頭打ちだったので、発展途上国に強みを持つキャドバリー社の経営資源の獲得を望んだのである。交渉は断続的に数カ月に及んだが、キャドバリー社の経営陣は最後の段階では株主利益を優先して、なるべく高額で会社を売却することに注力し、一株につき八・五ポンドで買い取ることをクラフト・フーズ側に了承させた。

そして二〇一〇年の初めに、キャドバリー社はクラフト・フーズ社に吸収合併された。

エピローグ――企業フィランソロピーからSDGsビジネスへ

キャドバリー社の事業が成長軌道に乗ったのは、父からココア事業を受け継いだリチャードとジョージの兄弟が「ココア・エッセンス」を発売した一八六六年頃からである。他方、ラウントリー社が成長軌道に乗るのは、ジョーゼフが「フルーツ・パスティーユ」を発売した一八八一年頃からである。キャドバリー兄弟社は一八九九年に、ラウントリー社はそれに先立つ一八九七年に法人化した。この頃から両社は、社内福祉政策を互いに競うように展開していった。企業内の産業医が雇用され、疾病給付、企業年金、寡婦年金、失業給付金、家族手当などが他の企業に先駆けて設立された。若年社員のための中等教育、職業教育、女子のための家政科教育も次第に充実していった。労使間の意見交換のためには、従業員用の提案箱が設置され、次には労使の代表者で構成される工場委員会が設立された。これは後に工場協議会に改編された。

キャドバリー社とラウントリー社の企業家経営者たちは、従業員を「共に働く仲間」と考え、従業員の自発的協力が事業の効率向上に資すると確信して、社内福祉を積極的に推進した。そのような経営実践を、エドワード・キャドバリーは『産業組織における実験』の中で、シーボーム・ラウントリーは『事業における人間的要素』の中で具体的に描き出してみせた。さらに彼らは、このような経営理念を友会徒使用者会議や、その他の使用者や経営者たちの研究グループを通して、イギリスの実業界に広める努力を続けた。

キャドバリー社とラウントリー社の企業経営者たちは、社内福祉を推進しながら、他方で一般社会への慈善活動を展開した。彼らは自ら所有する多額の自社株を寄付して、さまざまな信託財団を設立した。それらは現在も多様な福祉事業を展開している。ジョージ・キャドバリーが一九〇〇年に設立したボーンヴィル村落財団は、現在ではイングランド中西部に一一〇〇エーカーに及ぶ約八〇〇〇の地所を所有し、バーミンガム周辺の緑地帯の約二五〇〇エーカーを所有している。その次の世代のバロウ、ウィリアム、エドワード、そしてジョージ・ジュニアもそれぞれ福祉財団を設立したが、キャドバリー一族のこれらの福祉財団は現在、合計二五〇種類もの事業・研究奨励金を提供している。

他方、一九〇四年にジョーゼフ・ラウントリーが所有する自社株の半分を拠出して設立した三つの福祉財団は、岡村東洋光によると、現在ではジョーゼフ・ラウントリー・チャリタブル・トラスト（福祉信託財団）、ジョーゼフ・ラウントリー・リフォーム・トラスト（改革信託財団）、ジョーゼフ・ラウントリー・ファウンデーション（財団）、そしてジョーゼフ・ラウントリー住宅トラスト（住宅信託財団）という四つの財団に再編されて、幅広い社会福祉事業を支援している。特にジョーゼフ・ラウントリー・ファウンデーションは現在のイギリスでは最大級の民間福祉信託財団である。

ところが、第二次世界大戦後においては、キャドバリー社とラウントリー社は、社内福祉においても社外の福祉においても目立った存在ではなくなっていく。その大きな理由は、戦後の「イギリス福祉国家」の成立自体が企業内福祉の多くを不要なものにしたことである。家族手当や労働災害手当そして医療サービスが、国家によって給付されることになった。国家と企業と国民の三者によって拠出される国民保険（疾病、失業、退職などをカバー）や国民年金も成立した。中等教育と実業教育も義務教育として無償化された。国家による社会保障を超える保障を企業が行う余地は少なくなり、その程度のものならば他の大企業にとっても実施可能になった。

第二の理由は、両社のコーポレート・ガバナンスの変化である。キャドバリー社は一九六二年に同族企業である非公募株式会社から、公募株式会社に転換した。そのために同社は、経営戦略の策定において社外株主の意向を尊重することになった。つまり、短期的な高収益を志向するようになったのだ。これ以後、同社は「グローバルな総合食品企業」を目指して、海外企業のM＆A（合併と買収）を繰り広げていく。

ラウントリー社が公募株式会社になるのは、それよりずっと後のことであるが、こちらではすでに一九三〇年代に、取締役会からラウントリー家の成員が退出し、社長のシーボーム・ラウントリーだけが残された。戦後復興期に一時的に、シーボーム・ラウントリーの経営理念を熟知するウィリアム・ウォリスが社長を務めた。しかし一九五五年にロイド・オウエンが社長に就任してからは、同社の経営戦略へのラウントリー家の影響力はまったくなくなってしまった。以後、ラウントリー社も「グローバルな総合食品企業」を目指して、海外企業のM＆Aを展開していく。こうなると、企業幹部の目は外に向かう。社内福祉が疎かになるのも自然であろう。

第二次世界大戦後のイギリスでは、戦前ほど多くの大富豪が生まれる余地は少なくなった。基幹産業が国有化され、所得税の累進性が強化され、一九六七年には法人税が新設されたからである。したがって、企業家や経営者が社会福祉に多額の寄付をする余裕は少なくなった。しかしまた、キャドバリー社とラウントリー社が戦後において「企業家企業」ではなくなったことの影響も大きい。両社は、株主によって雇われる「経営者企業」に代わったのだから、創業者一族の意向は働かなくなったのである。このように、第二次世界大戦後にキャドバリー社とラウントリー社が企業の内と外への福祉事業を削減してきたことは、いわば自然な流れなのであった。

それでは、二〇世紀前半とは経営環境が大きく変化し、キャドバリー社とラウントリー社も存在しなくなった二一世紀において、「企業フィランソロピー」はもはや実現不可能なのであろうか。実現可能なのは、IT産業で大儲けをしたビル・ゲイツのような篤志家による慈善だけなのだろうか。いやいや、そうではない。その逆である。二一世紀に入って二〇年を経た今日、世界中の企業が「企業フィランソロピー」を実践することを要請されている。その鍵となるのはいわゆる「SDGsビジネス」である。そのような状況が出現したのは、キャドバリー社やラウントリー社の第一・第二世代が想像もしなかった要因による。これについては、やや詳しい説明が必要であろう。

一八世紀の後半にイギリスで始まり、その後現在まで続く工業化過程は、人々が豊かで便利な生活を享受することを可能にした。しかしそれは、他方では国内の貧富の格差や、地球的規模での南北間の経済格差や環境破壊などを生じさせるという負の側面を持っていた。国内の貧富の格差は一九世紀中に大きな問題となり、その結果、社会主義思想や修正資本主義思想が生まれた。しかし、南北経済格差や環境問題は先進資本主義国の中ではあまり問題視されていなかった。ところが、キャドバリー社やラウントリー社が「グローバルな総合食品メーカー」になろうとしてM&A活動を展開し始めた一九六〇年代から、世界的な規模で「南北経済格差問題」と「環境問題」が浮上し、この二つの問題は、先進資本主義国の経済が急激に成長するにつれて巨大化していった。

「南北経済格差問題」ないし「南北問題」とは、先進資本主義国と発展途上国の間の経済格差の存在であり、前者が地球の北に、後者が地球の南に位置する場合が多いので、そのように呼ばれる。一九六〇年代は多くの植民地が独立した時期である。これらの国々は植民地時代に本国への食料と工業原料を供給するために、その経済構造を歪められてきた。しかし独立した後も、これらの国々では旧宗主国への経済的依存が続き、農工商のバランスのとれた経済構造を形成することは困難であり、国民は貧困にあえいでいた。このような状態を改善するために、国連は一九六二年にＵＮＣＴＡＤ（国際連合貿易開発会議）を設立し、これと相前後して先進諸国において、国際援助に関する組織が設立され、ＯＤＡ（政府開発援助）が開始された。

その後一九七〇年代から、香港、シンガポール、台湾、大韓民国などのＮＩＥｓ（新興工業経済地域）の経済発展が始まった。一九七三年の第一次オイルショックは、産油国での富の蓄積と工業化のための引き金となったが、非産油国である発展途上国にとってオイルショックはダメージでしかなかった。一九九〇年代には新たなＮＩＥｓが興隆し、二〇〇一年以後にはその代表であるブラジル、ロシア、インド、中国の頭文字をつなげたＢＲＩＣｓという造語が使われるようになった。しかし、こうした発展から取り残された地域も依然として広く存在し、新たに発展途上国間の格差、すなわち「南南問題」が登場する。

この一九九〇年代には、先進資本主義国のＯＤＡは極端に減少した。それらの国々の政府がサッチャー流の「小さな政府」を追求したからであろうか。しかし、これに反して、NPO（非営利組織）やNGO（非政府組織）による支援活動は活発化した。「フェア・トレード」を推進する運動が始まるのも一九九〇年代である。他方、一九九〇年代には東欧の社会主義政権が次々に倒壊して、その市場が資本主義諸国に開かれた。また、情報革命が展開した。そのために、経済のグローバル化が加速化した。そしてグローバル企業は、開発途上国の低賃金を利用することによって巨額の利益を得、南北経済格差の悪化を助長しているとして非難を浴びるようになったのである。

一九六〇年代に現れたもう一つの世界的規模での問題は、「環境問題」である。日本では高度成長期の終わり頃の一九六〇年代後半に、四大公害病（水俣病、新潟水俣病、イタイイタイ病、四日市ぜんそく）や四大工業地帯の光化学スモッグ、さらにはヘドロ公害などの公害問題が噴出した。しかし、環境問題は同じ頃に世界各地で起こっていた。

一九七〇年三月に全地球的な「人類の根源的大前提に対処するために」ヨーロッパの知識人有志によって設立された「ローマ・クラブ」は、翌年一月に『成長の限界』という文書を公開した。これは、システム・ダイナミックスの手法による研究成果であり、人類が当時のままの成長を続けると、一〇〇年以内に地球の成長が限界に達する、と結論した。翌一九七二年には、国連が「環境」と「開発」に関する最初の国際会議を開催した。ストックホルム会議である。一九八八年には、地球の気候変動に対する「温室効果ガス」の影響が、国連で初めて議題となった。そしてこれに伴って、気候変動に関する政府間パネル（IPCC）が設立された。

一九九二年にはブラジルのリオ・デ・ジャネイロで「国連環境開発会議」（地球サミット）が開催

され、一七〇を超える国の代表が結集して、「持続可能な」開発のための二七の原則からなる「リオ宣言」が採択された。二〇〇九年九月には、環境科学者たちのグループの研究成果が学術誌『ネイチャー』に発表されて、「プラネタリー・バウンダリー」という概念が提起された。これは、地球の環境変化を九つの側面に分けて捉え、許容できる環境変化の限界を科学的に定義して、現状を観察しようとするものであった。それらの側面とは、気候変動、生物地球科学的環境、生物多様性の損失の三つと、土地利用の変化、成層圏オゾン層の破壊、海洋の酸性化、化学物質による汚染、淡水の消費、エアロゾル負荷の六つから成る。そして、二〇〇九年段階において、すでに前の三つが許容範囲を超えていることを明らかにして、緊急対策を呼びかけたのである。

このような南北経済格差や環境問題についての全世界的な関心の高まりが、SDGsを生み出したのである。すなわち、二〇一五年九月の国連総会は、国連に加盟する一九三カ国すべての賛同を得て「持続可能な開発のための二〇三〇アジェンダ」を決議した。その中核をなすのがSDGsであり、それは一七のゴール（目標）と一六九の具体的なターゲットから成る。SDGsは蟹江憲史によれば、国連の歴史上はじめて、環境と開発という二つの大きな議論を一体化させるものである。それは、環境に関する諸目標、健康・福祉・ジェンダー・教育・平等といった社会問題に関する目標、そして貧困と飢餓の解消・エネルギー問題・働きがい・経済成長といった経済に関する目標からなり、それらすべてが「共生（パートナーシップ）の推進」によって概念的に統括されている。国連は二〇一九年までをSDGsの助走期間と位置づけた。そして二〇二〇年代は、すべての国の政府、自治体、企業、労働組合、そしてすべての人々が「持続可能な開発」のために力を合わせなければならない一〇年間である、とした。

それでは、先進資本主義国の企業、特にグローバル企業は、南北間経済格差や環境問題に対して、どのような態度をとったのだろうか。まず一九九〇年頃から、欧米ではグローバル企業を中心にCSR（企業の社会的責任）への取り組みが本格化した。企業内にCSRを担当する部署を設置して、その取り組みを対外的に公表するようになったのだ。また、これに呼応してCSRを推進する企業への投資を推進するSRI（社会的責任投資）投資ファンドも登場した。個々の企業だけではなく、経済界も敏感に反応した。一九九五年には国連の呼びかけを受けて、「持続可能な開発のための世界経済人会議（WBCSD）」が設立された。また、世界中の大企業の寄付金によって運営された「世界経済フォーラム（WEF）」（一九七三年設立、その年次総会がダボス会議）が、二〇〇八年の「リーマン・ショック」以後、社会問題や環境問題についての議論をリードするようになった。日本では本書の「プロローグ」で述べたように、一九九〇年以後「企業フィランソロピー」の運動が起こり、二〇〇三年頃からは、企業内にCSR部門を設置する動きが出てきた。

さらに二一世紀に入ると欧米の経済界では、CSRを遂行することによって企業が利潤を獲得する仕組みを作るCSV（共通価値の創造）という戦略が注目を浴びるようになった。二〇一一年にマイケル・ポーターとマーク・クレイマーが発表した論文によれば、CSVはすでにネスレ、ユニリーバ、GE、グーグル、IBM、インテル、ジョンソン・エンド・ジョンソン、ウォルマートなどのグローバル企業で実践されていた。ラウントリー社を買収したネスレ社のCSVについては、高橋浩夫が次のような興味深い例を紹介している。

ネスレ社は一九六三年にインド市場への進出を計画し、インド政府からパンジャブ州モガに乳製品工場を建設する許可を得た。ところが同州の土地はやせて灌漑用水もなく、牛の生育が悪くてミルクの生産性は低かった。当然、現地の人々の生活は貧しかった。そこでネスレ社は同地を、企業と地域が共有できる価値が創造される事業環境に変える取り組みを始めた。まず現地の人々にミルク生産性向上のためのさまざまな研修を施した。そして、この地域に灌漑設備を建設した。その結果、農作物の収穫量が増え、牛の生育状況が大いに改善した。またネスレ社は、冷蔵設備を備えたミルク集配所を村々に設置し、トラックで原乳を集めることにした。このような設備投資の結果、二〇一〇年代までには同地の酪農従事者は飛躍的に増加して七万人を超え、ミルクの品質は向上し、その生産量は当初の約五〇倍になった。当然、現地の人々の生活水準は著しく向上し、現地でのネスレ製品への需要も拡大した。こうしてネスレ社の長期的な展望に立った投資戦略は、充分な収益を現地にばかりでなく、ネスレ社自体にも、もたらしたのである。

二〇一五年の後の経済界で注目されている「ＳＤＧｓビジネス」は、このＣＳＶ戦略を発展させたものである。「ＳＤＧｓビジネス」とは、「ＳＤＧｓを追求することを通して長期的な利潤を獲得していくビジネス」のことである。この概念は、多くの経営者にとってにわかには埋解しがたいものであろう。なぜなら従来、環境問題や社会問題への配慮はコストが嵩み、利潤を生み出さない、と考えられてきたからである。現代の経営者の驚きは、一九一二年にエドワード・キャドバリーが「事業の効率と従業員の福祉はコインの表と裏である」と言い放った時に、当時のイギリスの経営者たちが感じた驚きと同じ性質のものであろう。

もちろん、「ＳＤＧｓビジネス」を成功させることは、必ずしも容易ではない。ＳＤＧｓ追求に貢献する試みが、長期的に見て利益を生み出すためには、経営者の優れた洞察と能力が要求される。ピーターセンによれば、大事なことは第一に、自社の経営環境と経営資源を確認すること。第二に、現在と将来の社会のボトルネックを見極めること。第三に、業界、他社、行政そしてＮＧＯ・ＮＰＯなどのさまざまなパートナーとの連携の中で事業を展開していくことである。

しかし他方で、ＳＤＧｓの諸課題が新しいビジネス・チャンスをもたらすことは確実である。またＳＤＧｓは、現実と理想のギャップを埋めるための多様なイノベーションを生み出す契機ともなる。そのような意味で、「ＳＤＧｓビジネス」こそが「新しい資本主義」の牽引車になりうるのだ。

私は「プロローグ」で「企業フィランソロピー」の本質が「世のため、人のため」の経営である、と書いた。「世のため、人のため」の経営が「未来のため」という新たな課題を包摂することによって、企業自体の長期的な利益を確保する、というのが今後の「企業フィランソロピー」の理想の姿なのである。

主要参考文献

全般

秋田茂、二〇一二、『イギリス帝国の歴史――アジアから考える』中公新書

クラーク、ピーター、二〇〇四、『イギリス現代史 一九〇〇～二〇〇〇』西沢保・市橋秀夫・椿建也・長谷川淳一・姫野順一・米山優子訳、名古屋大学出版会

馬場哲・山本通・廣田功・須藤功、二〇一二、『エレメンタル欧米経済史』晃洋書房

村岡健次・木畑洋一（編）、一九九一、『世界歴史体系・イギリス史3――近現代』山川出版社

山本通、一九九四、『近代英国実業家たちの世界――資本主義とクエイカー派』同文舘出版

山本通、二〇一九、「英国チョコレート企業間の競争と協調――一七六一～一九八八年」『経済貿易研究』（神奈川大学）第四五号

湯沢威（編）、一九九六、『イギリス経済史――盛衰のプロセス』有斐閣

吉岡昭彦、一九八一、『近代イギリス経済史』岩波書店

Briggs, Asa, 1961, *Social Thought and Social Action: A Study of the Work of Seebohm Rowntree, 1871-1954*, London

Cadbury, Deborah, 2010, *Chocolate Wars: From Cadbury to Kraft — 200 Years of Sweet Success and Bitter Rivalry*, Harper Press, London

Fitzgerald, Robert, 1995, *Rowntree and the Marketing Revolution, 1862-1969,* Cambridge University Press, Cambridge, U. K.

Jeremy, David J. and Shaw, Christine, eds., 1984-6, *Dictionary of Business Biography,* 6 Vols. London

Jeremy, David J., 1998, *A Business History of Britain, 1900-1990s,* Oxford U. P., U. K.

Mitchell, B. R., 1988, *British Historical Statistics,* Cambridge University Press, Cambridge, U. K.

Milligan, Edward H., ed., 2007, *Biographical Dictionary of British Quakers in Commerce and Industry 1775-1920,* Sessions Book Trust, York, U. K.

プロローグ

大杉由香、二〇一一、「日本──フィランスロピー研究における現状分析と歴史研究の課題」『大原社会問題研究所雑誌』第六二八巻

大津寄勝典、二〇〇四、『大原孫三郎の経営展開と社会貢献』日本図書センター

岡村東洋光・高田実・金澤周作（編著）、二〇一二、『英国福祉ボランタリズムの起源──資本・コミュニティ・国家』ミネルヴァ書房

金澤周作、二〇〇八、『チャリティとイギリス近代』京都大学学術出版会

金澤周作、二〇二一、『チャリティの帝国──もうひとつのイギリス近現代史』岩波新書

川添登・山岡義典（編著）、一九八七、『日本の企業家と社会文化事業──大正期のフィランソロピー』東洋経済新報社

木村昌人、二〇二〇、『渋沢栄一──日本のインフラを創った民間経済の巨人』ちくま新書

公益社団法人日本フィランソロピー協会、二〇二一、『共感革命――フィランソロピーは進化する』中央公論事業出版
チャンドラー、アルフレッド・D・Jr.、一九九三、『スケール・アンド・スコープ――経営力発展の国際比較』安部悦生・川辺信雄・工藤章・西牟田祐二・日高千景・山口一臣訳、有斐閣
電通コーポレート・コミュニケーション局（編）、一九九四、『企業フィランスロピーへの出発――あなたにできる社会貢献』電通
間宏、一九七八、『日本労務管理史研究――経営家族主義の形成と展開』御茶の水書房
フィッツジェラルド、ロバート、二〇〇一、『イギリス企業福祉論――イギリスの労務管理と企業内福利給付：一八四六～一九三九』山本通訳、白桃書房
Rowntree, B. Seebohm, 1923, 'How Shall We Think of Society and Human Relations?' in Rufus M. Jones, ed., *Religious Foundations*, Macmillan, N. Y.

第一章

コウ、ソフィー・D、コウ、マイケル・D、二〇一七、『チョコレートの歴史』樋口幸子訳、河出文庫
武田尚子、二〇一〇、『チョコレートの世界史――近代ヨーロッパが磨き上げた褐色の宝石』中公新書
藤瀬浩司、一九八〇、『資本主義世界の成立』ミネルヴァ書房
フレーザー、W・ハミッシュ、一九九三、『イギリス大衆消費市場の到来――一八五〇～一九一四年』徳島達朗・友松憲彦・原田政美訳、梓出版社
山本通、二〇二〇、「カカオ栽培前線の歴史的展開」『経済貿易研究』（神奈川大学）第四六号

米川伸一、一九九二、『現代イギリス経済形成史』未來社

Clarence-Smith, W. G. ed., 1996, *Cocoa Pioneer Fronts Since 1800: The Role of Smallholders, Planters and Merchants*, Macmillan, London

Clarence-Smith, W. G., 2000, *Cocoa and Chocolate, 1765-1914*, Routledge, London

Corley, T. A. B., 1972, *Quaker Enterprise in Biscuits: Huntley and Palmers of Reading 1822-1972*, Hutchinson & Co., London

Emden, P. H., 1930, *Quakers in Commerce: A Record of Business Achievement*, London

J. S. Fry & Sons Ltd., 1928, *Bicentenary Number: Fry's Works Magazine*, Bristol

Grubb, Isabel, 1930, *Quakerism and Industry before 1800*, London

Raistrick, Arthur, 1950, *Quakers in Science and Industry*, London

Saul, S. B., 1969, *The Myth of the Great Depression 1873-1896*, Macmillan, London

Wagner, Gillian, 1987, *The Chocolate Conscience*, Chatto & Windus, London

第二章

アシュワース、ウィリアム、一九八七、『イギリス田園都市の社会史——近代都市計画の誕生』下総薫監訳、御茶の水書房

安保則夫、二〇〇五、『イギリス労働者の貧困と救済——救貧法と工場法』明石書店

ヴァーノン、アン、二〇〇六、『ジョーゼフ・ラウントリーの生涯——あるクエイカー実業家のなしたフィランソロピー』佐伯岩夫・岡村東洋光訳、創元社

ウィーナ、マーティン・J、一九八四、『英国産業精神の衰退——文化史的接近』原剛訳、勁草書房
岡村東洋光、二〇〇四、「ジョーゼフ・ラウントリーのガーデン・ビレッジ構想」『経済学史学会年報』第四六号
鈴木正四、一九八〇、『セシル・ローズと南アフリカ』誠文堂新光社
センメル、バーナード、一九八二、『社会帝国主義史——イギリスの経験　一八九五—一九一四』野口建彦・野口照子訳、みすず書房
高田実、二〇一二、「ゆりかごから墓場まで——イギリスの福祉社会　一八七〇—一九四二年」高田実・中野智世（編著）『福祉』（近代ヨーロッパの探究15）ミネルヴァ書房、第二章
チャイルド、J、一九八二、『経営管理思想』岡田和秀・高澤十四久・齋藤毅憲訳、文眞堂
西山八重子、二〇〇二、『イギリス田園都市の社会学』ミネルヴァ書房
ハワード、エベネザー、一九六八、『明日の田園都市』長素連訳、鹿島出版会
村岡健次・川北稔（編著）、二〇〇三、『イギリス近代史［改訂版］』ミネルヴァ書房
山本通、一九九九、「英国ガス産業史研究についての覚え書き——労使関係を中心に」『商経論叢』（神奈川大学）第三五巻第二号
Bradley, Ian C., 1987, *Enlightened Entrepreneurs*, Weidenfeld and Nicolson, London
Cadbury, Edward, et al., 1906, *Women's Work and Wages: A Phase of Life in an Industrial City*, Fisher Unwin, London
Cadbury, Edward, 1912, *Experiments in Industrial Organization*, Longmans, London
Cadbury, Edward, 1914, 'Some Principles of Industrial Organization: The Case For and Against Scientific

Management' in *Sociological Review*, Vol. 7, No. 2
Cadbury, William, A., 1910, *Labour in Portuguese West Africa*, Routledge, London
Clarence-Smith, W. G., 2000, *Cocoa and Chocolate, 1765-1914*, Routledge, London
Fitzgerald, Robert, 1989, 'Employers' Labour Strategies, Industrial Welfare, and the Response to New Unionism at Bryant and May, 1888–1930' in *Business History*, Vol. 31, No. 2
Henslowe, Philip, 1984, *Ninety Years On: An Account of the Bournville Village Trust*, Bournville Village Trust, Bournville, U. K.
Jeremy, David J., 1991, 'The Enlightened Paternalist in Action: William Hesketh Lever at Port Sunlight before 1914' in *Business History*, Vol. 33, No. 1
Murphy, Joe, 1987, *New Earswick: A Pictorial History*, Ebor Press, York, U. K
Sellers, Sue, 1988, *Sunlighters: The Story of a Village*, Unilever PLC, London
Williams, I. A., 1930, *The Firm of Cadbury: 1831-1931*, Constable, London
Windsor, D. B., 1980, *The Quaker Enterprise: Friends in Business*, Frederick Muller, London

第三章

五十嵐千尋、二〇一六、「戦間期製菓業における垂直統合――森永製菓のグループ化の事例」『経営史学』第五一巻第二号
井上篠朗（編）、一九五八、『日本チョコレート工業史――附・チョコレート及びココア』日本チョコレート・ココア協会

大和久悌一郎、二〇〇五、「戦争のための田園都市――グレトナ・タウンシップとイーストリッグズ」『西洋史学』二一七号
電通（編）、一九六四、『松崎半三郎』森永製菓
チャンドラー、アルフレッド・D・Jr.、一九九三、『スケール・アンド・スコープ――経営力発展の国際比較』安部悦生・川辺信雄・工藤章・西牟田祐二・日高千景・山口一臣訳、有斐閣
椿建也、二〇〇七、「大戦間期イギリスの住宅改革と公的介入政策――郊外化の進展と公営住宅の到来」『中京大学経済学論叢』第一八号
見市雅俊、一九八六、「ロイド・ジョージの『黄金の夢』」都築忠七（編）『イギリス社会主義思想史』三省堂
ハンナ、レスリー、一九八七、『大企業経済の興隆』湯沢威・後藤伸訳、東洋経済新報社
森永製菓（編）、一九五四、『森永五十五年史』
谷沢弘毅、二〇二〇、『近現代日本経済史（上）（下）』八千代出版
山本通、一九九二、「二〇世紀初頭英国クエイカー派の経済・経営思想についての二つの資料」『経済貿易研究』第一八号
山本通、二〇〇六、「B・シーボーム・ラウントリーの日本滞在記（一九二四年）――ラウントリー社と森永製菓の資本提携の企画について」『商経論叢』第四一巻第三・四合併号
山本通、二〇〇七、「B・シーボーム・ラウントリーと住宅問題」『商経論叢』第四三巻第二号
横山北斗、一九九八、『福祉国家の住宅政策――イギリスの一五〇年』ドメス出版
ラウントリー、シーボーム、一九五九、『貧乏研究』長沼弘毅訳、ダイヤモンド社（一九二二年版の翻訳）
Burnett, John, 1986, *A Social History of Housing, 1815-1985*, 2nd Edition, London

Child, John, 1964, 'Quaker Employers and Industrial Relations', *Sociological Review*, Vol. 12, No. 3

Corley, T. A. B., 1988, 'How Quakers coped with business success: Quaker industrialists, 1860–1914' in Jeremy, David J., ed., *Business and Religion in Britain*, Gower, Aldershot, U. K.

Fitzgerald, Robert, 1989, 'Employers' Labour Strategies, Industrial Welfare and the Response to New Unionism at Bryant and May, 1888–1930' in *Business History*, Vol. 31, No. 2

Jeremy, David J., 1990, *Capitalists and Christians: Business Leaders and the Churches in Britain 1900–1960*, Clarendon Press, Oxford, U. K.

Kirby, M. W., 1984, *Men of Business and Politics: The Rise and Fall of the Quaker Pease Dynasty of North-East England 1700–1943*, George Allen and Unwin, London

Quakerism and Industry 1918: being the full record of a conference of employers, chiefly of the Society of Friends, held at Woodbrooke, nr. Birmingham, 11th–14th April, 1918, together with the Report, n.d. Darlington, U. K.

Quakerism and Industry 1928: being the full record of a conference of employers, members of the Society of Friends, held at Woodbrooke, Birmingham, 12th–15th April, 1928, together with the Report, n.d. London

Raistrick, Arthur, 1950, *Quakers in Science and Industry*, Bannisdale Press, London

Rowntree, B. Seebohm, 1901, *Poverty: a Study of Town Life*, London

Rowntree, B. Seebohm, 1918, *The Human Needs of Labour*, London

Rowntree, B. Seebohm, 1921, *The Human Factor in Business*, Longmans, London

Swenarton, Mark, 1981, *Homes Fit For Heroes: The Politics and Architecture of Early State Housing in Britain*, Heinemann, London

第四章

赤木誠、二〇〇五、「両大戦間期イギリスにおける家族手当構想の展開――調査・運動・制度設計」『社会経済史学』第七一巻第四号

武田尚子、二〇一四、『二〇世紀イギリスの都市労働者と生活――ロウントリーの貧困研究と調査の軌跡』ミネルヴァ書房

ブレナー、ジョエル・G、二〇一二、『チョコレートの帝国』笙玲子訳、みすず書房

Quakerism and Industry 1938: being the papers read at a conference of employers, members of the Society of Friends, held at Woodbrooke, Birmingham, 22th-25th April, 1938, n.d. London

Rowntree, B. Seebohm, 1941, *Poverty and Progress: A Second Social Survey of York*, Longmans, London

第五章

中島智人、二〇一二、「ボランタリー・セクターと国家の現在」前掲『英国福祉ボランタリズムの起源』

長谷川貴彦、二〇一七、『イギリス現代史』岩波新書

サッチャー、マーガレット、一九九六、『サッチャー回顧録――ダウニング街の日々（上）（下）』石塚雅彦訳、日本経済新聞社

森嶋通夫、一九八八、『サッチャー時代のイギリス――その政治、経済、教育』岩波新書

Cadbury Brothers Limited, 1964, *Industrial Challenge: The Experience of Cadburys of Bournville in the Post-war Years*, Sir Isaac Pitman & Sons Ltd., London

Smith, C., Child, J., Rowlinson, M., 1990, *Reshaping Work: The Cadbury Experience*, Cambridge University Press, Cambridge, U. K.

エピローグ

蟹江憲史、二〇二〇、『ＳＤＧｓ（持続可能な開発目標）』中公新書
高橋浩夫、二〇一九、『すべてはミルクから始まった――世界最大の食品・飲料会社「ネスレ」の経営』同文舘出版
ピーダーセン、ピーター・Ｄ、竹林征雄（編著）、二〇一九、『ＳＤＧｓビジネス戦略――企業と社会が共発展を遂げるための指南書』日刊工業新聞社
夫馬賢治、二〇二〇、『ＥＳＧ思考』講談社＋α新書
南博・稲場雅紀、二〇二〇、『ＳＤＧｓ――危機の時代の羅針盤』岩波新書
Porter, M. E. and Kramer, M. R., 2011, 'Creating Shared Value' in *Harvard Business Review*, Vol. 89, No. 1–2

年表

	キャドバリー社関係	ラウントリー社関係	ココア・チョコレート業界	イギリス内外の関連事項
一八二八			ファン・ハウテンが粉末チョコレート製法の特許を取得	
一八四七			J・S・フライ・アンド・サンズ社が「食べる」チョコレートを製造	
一八六〇				食品医療品法の成立
一八六一	ジョン・キャドバリーがココア事業を息子のリチャードとジョージに譲渡			
一八六二		ヘンリー・アイザック・ラウントリーがテューク家からココア事業を買収		
一八六六	「ココア・エッセンス」を発売			
一八六七			アンリ・ネスレが粉ミルク製造法を発明	
一八六九		ジョーゼフが経営に参加		

	キャドバリー社関係	ラウントリー社関係	ココア・チョコレート業界	イギリス内外の関連事項
一八七二				食品添加物法の成立
一八七五				商標登録法の成立
一八七八	ボーンヴィルに工場を移転開始		D・ペーターがミルクチョコレートを発売	
一八七九			R・リントがコンキング法を発明	
一八八一		「フルーツ・パスティーユ」の発売開始		
一八八四				第三次選挙法改正
一八八七		「エレクト・ココア」の発売開始		
一八八八	輸出部を設置			
一八八九				チャールズ・ブース『ロンドン民衆の生活と労働』第一巻刊行
一八九〇		ハクスリー・ロードに工場用地を買収		
一八九一		工業に女性従業員のための女性監督を採用		
一八九四			米国ミルトン・ハーシーがチョコレート製造開始	

一八九五		ハクスリー・ロード工場建設を開始		友会徒マンチェスター会議
一八九六		一日八時間労働を実現／女性従業員雇用部を設立		現物給与禁止法の成立
一八九七		有限責任会社として登録		
一八九九	リチャードが死去／会社は私会社の法人組織に改組	実験室を設置		ボーア戦争（〜一九〇二年）／W・リーバがポート・サンライト工場村の建設開始
一九〇〇	ボーンヴィル村落信託財団の設立／『デイリー・メイル』紙を買収			
一九〇一	化学実験室を設置	ニュー・イヤーズウィック田園村落の建設開始		シーボーム・ラウントリー『貧困研究』刊行
一九〇二	提案箱を設置	提案箱を設置		
一九〇三	無拠出制の疾病保険制度の設置／ウッドブルック・カレッジの開設	社内報を発刊		レッチワース田園都市の建設開始／友会徒社会同盟の成立
一九〇四		三つの信託財団を設立／産業医と歯科医を雇用		
一九〇五	「デアリー・ミルク」を発売／工場委員会を設置		ハーシータウン工場の竣工	
一九〇六	「ボーンヴィル・ココア」の発売／老齢年金基金の設置	企業内年金計画を決定	友会徒系三社の競争抑止協定	ハムステッド田園郊外の建設開始

	キャドバリー社関係	ラウントリー社関係	ココア・チョコレート業界	イギリス内外の関連事項
一九〇七	エドワード・キャドバリー『苦汗労働』刊行	家庭科教室を創設	ハーシー社の「キス・チョコ」発売	
一九一〇	ウィリアム・キャドバリー『ポルトガル領西アフリカにおける労働』刊行	疾病給付計画を導入		「人民予算」の成立／賃金局法の成立
一九一一	ナイトンにミルク濃縮工場を建設		米国フランク・マーズがチョコレート企業創業	F・W・テイラー『科学的管理の諸原則』刊行
一九一二	エドワード・キャドバリー『産業組織における実験』刊行			
一九一三			英国菓子業界がCPFMFを結成	政府が通産省を創設／土地キャンペーンの展開
一九一四				第一次世界大戦（〜一九一八年）／砂糖委員会の設置
一九一五				シーボーム・ラウントリーが軍需相福祉部長に就任
一九一六		工場評議会設置		徴兵制の実施
一九一七		寡婦年金制度の開始／全国一般労働者組合（NUGW）支部の設立		ウィットリー報告／再建省の設置

一九一八	工場協議会の設立／ブリティッシュ・ココア・アンド・チョコレート会社（BCC）を設立しエドワード・キャドバリーが社長に就任	中央工場協議会の設立	クエイカー三社のチェルトナム合意／産業再編公社（IRC）の設立	第四次選挙法改正／第一回友会徒雇用主会議
一九一九	取締役会の改編・強化	工場協議会を全社的に設立	ラウントリー・キャドバリー・フライ有限会社の設立	住宅・都市計画法（アディソン法）の成立／産業福祉協会の創設
一九二〇	失業給付基金の設立	就労不能保障ファンド設立		失業保険法の成立
一九二一	ブラックポールに新工場を建設	職能管理組織制を採用／社内提訴委員会の設立	菓子製造に関する戦時統制の終了	シーボーム・ラウントリー『事業における人間的要素』刊行
一九二二	運輸部を設立／ウィリアムが社長に就任		フライ社がブリストルからソマデイルに工場を移転	
一九二三	被扶養者生命保険／利潤共有制の導入	シーボーム・ラウントリーが社長に就任	米マーズ社が「ミルキー・ウェイ」発売	
一九二四	ローヒース遊技場の開設	科学的管理と利潤共有制の導入		
一九二五		「プレーン・ヨーク・チョコレート」の生産開始		ゼネスト／自由党政治研究サークル（〜一九三五年）
一九二六	ボーンヴィル工場を大拡張			帝国化学工業社（ICI）の成立

	キャドバリー社関係	ラウントリー社関係	ココア・チョコレート業界	イギリス内外の関連事項
一九二七				経営管理研究グループ・ナンバー・ワンの設立
一九二八				第二回友会徒雇用主会議
一九二九	ボーンヴィル工場の建て替えを開始			世界恐慌／ユニリーバ社の成立
一九三〇			米マーズ社が「スニッカーズ」を発売	
一九三一		ヨーク役員会と全般役員会を設立		再建金本位制から離脱
一九三二	エドワード・キャドバリーがＢＣＣＣの社長に就任			オタワ会議／帝国特恵関税
一九三三			フォレスト・マーズが英国マーズ社を創業	
一九三五	ボーンヴィル工場の建て替えを完成	「ウエハース・クリスプ（キットカット）」および「エアロ」の発売開始		
一九三六		ジョージ・ハリスが広告担当取締役に就任		
一九三七		「スマーティーズ」の発売開始		
一九三八		ジョージ・ハリスがヨーク役員会の会長に就任		第三回友会徒雇用主会議

一九三九		戦時臨時給付の開始		第二次世界大戦（〜一九四五年）
一九四〇				産業統制の開始
一九四一	バロウ・アンド・ジェラルディン・S・キャドバリー信託財団信託財団の設立	ジョージ・ハリスが全社の社長に就任		食料省による生産と価格統制／シーボーム・ラウントリー『貧困と進歩』刊行
一九四三				ベヴァリッジ報告
一九四四	ローレンス・キャドバリーがBCCCの社長に就任			バトラー法の成立
一九四五			「M&M」の発売	家族手当法の成立
一九四六			CCCAの結成	基幹産業の国有化の開始／国民保険法の成立／国民保健サービス法の成立
一九四七				食料販売法の成立
一九四八		「ポロ」の発売		国民年金法の成立／独占禁止法の成立／第四回友会徒雇用主会議
一九五〇		海外委員会を設立		
一九五一				シーボーム・ラウントリー『貧困と福祉国家』刊行

	キャドバリー社関係	ラウントリー社関係	ココア・チョコレート業界	イギリス内外の関連事項
一九五二	モアトン工場の竣工	ウィリアム・ウォリスが全社の社長に就任		
一九五三				食料品の割当制の撤廃
一九五四				食料品薬品改正法の成立
一九五五		ロイド・オウエンがヨーク役員会の会長に就任		商業用テレビ放送の開始
一九五六				制限的商慣行取締法の成立
一九五七		ロイド・オウエンが全社の社長に就任／ファウドン工場の操業開始		
一九五九	ポール・キャドバリーがＢＣＣＣの社長に就任			
一九六一				テレビ広告税の導入
一九六二	ＢＣＣＣが公募株式会社として登記	全社の組織改革で六グループ制に／「アフター・エイト」の発売		菓子類購買税の導入
一九六四			フォレスト・マーズが米マーズ社の全株式を買収	
一九六五	エイドリアン・キャドバリーがＢＣＣＣの社長に就任			

一九六六		ドナルド・バロンが全社の社長に就任		産業再編公社の設立
一九六七	BCCの名称をキャドバリー・グループに変更			法人税の新設／ポンドの切り下げ
一九六九	キャドバリー社がシュウェップス社と合併、分権的事業部制組織を採用	ラウントリー社がマッキントッシュ社と合併		
一九七二				イギリスのヨーロッパ経済共同体（EEC）への加盟／国連のストックホルム会議
一九七三		カカオ市場の崩壊により莫大な損失		第一次オイル・ショック
一九七四	エイドリアン・キャドバリーがキャドバリー・シュウェップス社（CS社）の社長に就任、マトリックス組織を採用			
一九七九				サッチャー政権の成立
一九八一		ケネス・ディクソンがラウントリー・マッキントッシュ社の社長に就任		労使関係法の成立
一九八四		世界の四地域を基にする会社組織を構築		

	キャドバリー社関係	ラウントリー社関係	ココア・チョコレート業界	イギリス内外の関連事項
一九八七		持株会社ラウントリーplcを設立		
一九八八		ネスレ社に買収される		
一九八九	ドミニク・キャドバリーがＣＳ社の社長に就任			
一九九二				国連の「リオ宣言」
二〇〇〇	トッド・スティッツアーがＣＳ社の社長に就任			
二〇〇八	ＣＳ社のキャドバリー社とシュウェップス社への分割			リーマン・ショック
二〇一〇	キャドバリー社がクラフト・フーズ社に買収される			
二〇一五				国連の「二〇三〇アジェンダ」

《著者紹介》

山本　通（やまもと・とおる）

1946年生まれ。1970年一橋大学経済学部卒業。1975年同大学大学院経済学研究科博士課程単位取得満期退学。1995年同大学にて博士号（社会学）取得。1976～2017年神奈川大学専任講師，助教授，教授を歴任。2005～07年同大学経済学部長兼第二経済学部長を務める。現在，神奈川大学名誉教授。

著書　『近代英国実業家たちの世界――資本主義とクエイカー派』（同文舘出版，1994年），『エレメンタル欧米経済史』（共著，晃洋書房，2012年），『禁欲と改善――近代資本主義形成の精神的支柱』（晃洋書房，2017年），『マックス・ヴェーバー「倫理」論文を読み解く』（共著，教文館，2018年）ほか。

訳書　B. トリンダー『産業革命のアルケオロジー――イギリス一製鉄企業の歴史』（新評論，1986年），R. フィッツジェラルド『イギリス企業福祉論――イギリスの労務管理と企業内福利給付：1846～1939』（白桃書房，2001年），N. コーン『新版　魔女狩りの社会史』（ちくま学芸文庫，2022年）ほか。

チョコレートのイギリス史

――企業フィランソロピーの源流

2023年6月30日　初版発行

著　者　山本　通

発行者　渡部　満

発行所　株式会社　教文館

〒104-0061　東京都中央区銀座4-5-1

電話03(3561)5549　FAX 03(5250)5107

URL http://www.kyobunkwan.co.jp/publishing/

印刷所　株式会社　平河工業社

配給元　日キ販　〒162-0814　東京都新宿区新小川町9-1

電話03(3260)5670　FAX 03(3260)5637

ISBN 978-4-7642-6173-0　Printed in Japan